拨开情绪的迷雾

我/的/心/理/咨/询/手/记

卢永兰◎著

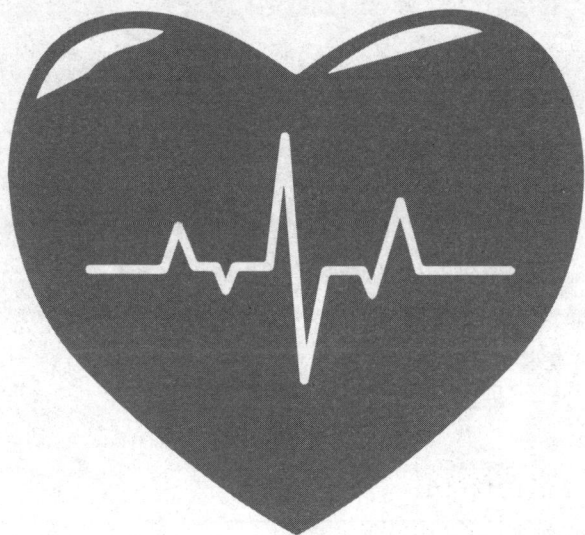

九州出版社

JIUZHOUPRESS

图书在版编目（CIP）数据

拨开情绪的迷雾 ：我的心理咨询手记 / 卢永兰著.
-- 北京 ：九州出版社，2021.8
ISBN 978-7-5225-0472-8

Ⅰ．①拨… Ⅱ．①卢… Ⅲ．①心理学－通俗读物
Ⅳ．①B84-49

中国版本图书馆CIP数据核字(2021)第178177号

拨开情绪的迷雾：我的心理咨询手记

作　　者	卢永兰　著	
责任编辑	王丽丽	
出版发行	九州出版社	
地　　址	北京市西城区阜外大街甲 35 号 （100037）	
发行电话	（010）68992190/3/5/6	
网　　址	www.jiuzhoupress.com	
电子信箱	jiuzhou@jiuzhoupress.com	
印　　刷	天津雅泽印刷有限公司	
开　　本	710 毫米 ×1000 毫米　16 开	
印　　张	15.25	
字　　数	222 千字	
版　　次	2022 年 1 月第 1 版	
印　　次	2022 年 1 月第 1 次印刷	
书　　号	ISBN 978-7-5225-0472-8	
定　　价	65.00 元	

自 序

回首我生二胎的那一年，只能用四个字来形容——苦不堪言，一方面是身体还处于恢复过程，带着两个娃，还要上课做科研；另一方面是我浑身长满荨麻疹，奇痒无比，甚至到了晚上无法入睡的程度。尽管克制自己不去抓挠，但晚上睡不好，白天还要应付各种家庭琐事和工作，尤其要照顾两个孩子，我感觉自己的情绪非常糟糕，常常处在焦虑、狂躁中，特别容易发脾气。

为了治疗荨麻疹，我看了大大小小七八家医院，吃了很多药，依然没有任何好转，大多数医生都认为这是慢性荨麻疹，彻底痊愈的可能性很低。经过半年的时间，尝试了各种方法依然没什么效果，所以，我放弃抵抗它，改变心态去接受它，接受这样的日子。

出乎意料的是，当我心平气和地接纳荨麻疹，而不是排斥它、讨厌它、责怪它的那一刻开始，我发现情况反而逐渐好了起来。一周、两周……一个月、两个月……我起荨麻疹的次数越来越少，最终再也不犯了。我反思后才恍然大悟，原来真正困扰我的并非是荨麻疹本身，而是和情绪进行对抗，是情绪背后的需求没有被看见，没有被满足。我一直在否定自己，责怪自己没有照顾好两个孩子，没有把工作做好，从而无暇关怀自己，那个无助的自己没有被看见、被关爱和被接纳，而情绪就会通过身体的方式提醒我，已经偏离了幸福的轨道，需要及时调整状态，看到它、满足它、关怀它。当我看到了它，看到了来自身体的善意提醒，看到了情绪背后的需求，于是，荨麻疹逐渐痊愈了。

我惊喜于这样的发现，之后我一直在学习和探寻情绪问题的真相和解决方法，阅读了包括《不与世界对抗，你就会更强大》《和情绪和解》等关于情绪方面的书籍。我把这些方法和技能运用在自己身上，发现整个人越来越舒服，情绪状态也越来越稳定，活得越来越心平气和了。我把这些方法用在咨询个案身上，也达到了比较好的效果。所以，我想分享这些案例和方法，让亲爱的朋友们也能够对情绪有更多了解，这也是我写这本书的缘由。

写这本书的另外一个缘由，就在于我的身边有太多太多被情绪困扰的案例，看着他们一个个沉浸在负面情绪的痛苦中而不能很好地自我调解，甚至引发了一些悲剧，我感到很痛心和难过。也许他们并不知道，真正困住自己的不是情绪本身，而是情绪背后的需求。所以，我想把咨询过程中涉及情绪方面的、比较有代表性的案例整理出来，通过一个个的真实案例，让大家更能够体会情绪带给我们的困扰和影响有多大，更重要的是，如何拨开情绪的迷雾，看到背后的真相。这些真相往往来源于过往的创伤，来源于不被满足的需求，当那些不被看见、不被认可、不被接纳、不被理解、不被关爱的需求没有被满足的时候，最终会以不同的方式表现出来提醒我们。

本书中的所有案例都经过了伦理处理。几乎所有个案都不是通过一次咨询就能彻底解决他们的情绪困扰，但本书选取内容都是以情绪为核心进行疏导的，具体咨询方法主要集中在意象、催眠和内在小孩对话等，揭露过往的创伤，去探寻个体情绪困扰背后的真相，以期能够帮助朋友们去思考自己的情绪困扰，探寻情绪背后的需求。

目录

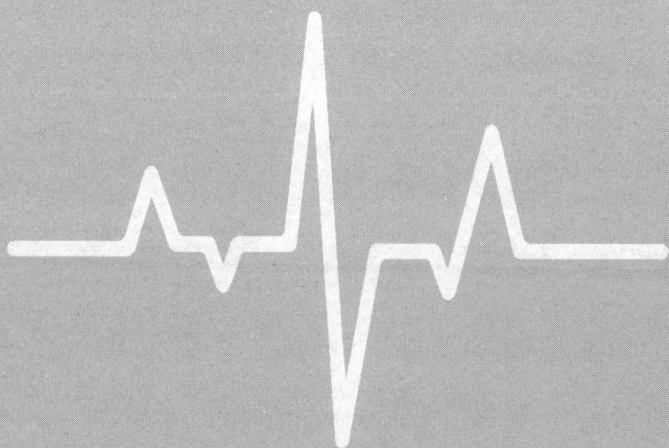

第一篇

拨开恐惧的迷雾

1. 我怕凳子脏

本案例的故事主人公小雪，单身，参加工作三年。两个月前开始不敢坐凳子，因为在她眼里，凳子都是非常脏的。从最初的对公交车座位感到害怕，觉得脏不敢坐，到后来泛化到所有的凳子，包括办公室和家里的凳子都不敢坐。这对她的生活和工作造成了很大的影响。那她害怕的背后究竟是什么在困扰着她？让我们一起拨开小雪恐惧情绪的迷雾，探寻行为背后的真相。

我：小雪，你好！欢迎你来到咨询室，请坐。

小雪：我很害怕，我不敢坐。

我：能告诉我，你在怕什么吗？

小雪：我觉得凳子脏，不敢坐下来。

我：换一张凳子呢？

小雪：所有的凳子，我都觉得脏。

我：你说的脏，是指灰尘，还是指什么呢？

小雪：我也不知道，就是觉得很脏。

我：你说的所有的凳子脏，是指我办公室所有的凳子吗？

小雪：所有的，包括刚才我来的时候是乘坐公交车，只要是凳子，我都不敢坐。我之前想打出租车来，但是发现出租车也是要坐的，我不敢，我害怕坐凳子。所以乘公交车站着来的。

我：看来这种因为凳子脏不敢坐的情形，对你生活造成了不少的困扰。

小雪：是的，我上班也不坐，但这样会让人觉得很奇怪，而且站久了脚很酸，也很难受。

我：这种困扰持续多长时间了呢？

小雪：两个月了。

我：那么在两个月之前发生了什么吗？

小雪：我还没有勇气去面对它，不知道如何谈起。

我：好的，当你和我描述的时候，我能够感觉到你依然是害怕的，对吗？

小雪：对，我现在还是觉得害怕。

我：好的，闭上眼睛去静静感受这种害怕的感觉，去扫描下你的身体，当你害怕的时候，这种害怕的感觉在你身体的什么部位感觉比较明显不舒服呢？

小雪：我感觉头很疼。就是每次要坐凳子的时候我就头疼。我很想跑，想逃跑。包括刚才您让我坐下来的时候，我就头疼。

我：你不想坐下，因为你内心是非常抗拒的，通过头疼来表达出来。你对凳子的反感害怕程度，如果要你评估的话，0~10分，从不害怕到非常害怕，是多少分？

小雪：特别害怕和恐惧，有10分。

我：你评估这种害怕是很强烈的，严重困扰了你的日常生活和工作。

小雪：对，我感觉我没有办法正常生活了。

我：那你只是针对凳子，其他事物会害怕吗？

小雪：不会，我晚上睡觉的时候躺在床上，吃东西什么的，都不会排斥。

我：好，小雪，我能感受到你的紧张和害怕。接下来我想帮助你放松。请你闭上眼睛，跟我一起，让你的身体得到放松。首先进行深呼吸，三次，深深地吸气，吸入你想要的放松、平静和安全，然后慢慢地呼气，把你不想要的害怕和紧张、担忧、恐惧等，通通都呼出去。

小雪按照我说的开始做起来……

我：非常好，继续深呼吸，吸气，吸入你想要的平静、放松和安全，呼出你不想要的紧张、害怕，放松身体，渐渐地放松，随着每一次呼吸，你感觉自己的身体在慢慢地放松，越来越放松。现在请你感受下你身体的部位，哪些地方不舒服？

小雪：头部，还是感觉隐隐地疼。

我：好的，现在请你把手轻轻地放在头部不舒服的位置，然后慢慢地用手去安抚头部……现在你的头能够感受到手的温度，慢慢地去安抚它，就像慈爱的妈妈在安抚新生的小宝宝一样，轻柔地、温暖地安抚它。把你的关怀带给它。继续深呼吸，放松，现在有没有感觉舒服一些？

小雪：现在好一些了，但还是会疼，不过不像之前那么疼了。

我：很好，把你的手继续放在头部，继续安抚它。你的这种头疼的情况，通常什么时候最容易出现呢？

小雪：就是当我要去坐凳子或者被逼着要坐下来的时候。

我：你觉得脏，然后头疼，现在请闭上眼睛慢慢回忆下，当你头疼的时候，你脑海里浮现出来的画面是什么呢？静静地去感受它，不着急，让画面自然浮现在你的眼前。

小雪：（沉默了约三分钟）我看到了一只手，非常非常脏，肮脏得让我想吐。我想把这只手撕碎。

我：这只手让你很愤怒，它让你非常很难受，能看清是怎么样的手？

小雪：一个下贱男人的手。这只手非常不安分。

我：你看到这只手做了不安分的事情？

小雪：我看到这只手穿梭在人群中寻找目标下手。然后它盯着一个女生，在女生身上不自觉地、很不安分地到处乱摸。

我：你看到那个女生有什么反应吗？

小雪：她很恐慌和害怕。她想反抗，但她好像又忍住没有求助。

我：你能感受到那个女生在隐忍，而且感受到她的愤怒。

小雪：对，她很愤怒。她用手把那只脏的手拿开了，可是她依旧不敢大声地喊。

我：她在害怕什么？

小雪：她虽然愤怒，可是她很害怕。她害怕周围的人会用异样的眼光看自己。所以她就一直忍着这只脏手侵犯她，没有想到她的隐忍导致脏手得寸进尺。（流泪）

我：看到这里，你想做什么？

小雪：我想过去帮助她，把这个坏人抓住狠狠暴打一顿，送公安局。

我：你很想帮她。此刻的画面中，那个女生什么反应？

小雪：她还是很害怕，我能感受到她的恐惧，她走到了别的位置，没想到，那个脏手依然跟着她，在她身边，她张大嘴巴，眼泪流出来了。

我：这个女生此刻一定感到非常无助，对吗？

小雪：是，此刻她很想大声叫，可是她发现她喊不出来，感觉喉咙已经被卡住了，在这么紧急的情况下，她急死了，太无助了。（流泪）

我：亲爱的小雪，放松，此刻你看着这个画面，我赋予你强大的力量和智慧，你现在足够强大，看到无助的她，你愿意过去帮她吗？

小雪：我想冲过去。

我：你会做什么？你可以现在直接走进画面里面去做。

小雪：我走过去把那只脏手狠狠甩开，然后非常大声喊"有色狼，抓色狼，就是他"，然后报警。

我：然后你看到了什么？

小雪：周围人还在疑惑和犹豫。那个色狼恶狠狠地瞪着我，此刻周围有人围过来要把他抓住了，结果那个坏人很惊慌失措，借着有人下车的空档逃跑了。

我：此刻，你看到刚才那个女生什么反应？

小雪：她在那埋头哭，很委屈，很难过。

我：看着她就在你身边伤心委屈地哭，你内心想对她说什么？

小雪：我想告诉她，这不是你的错，你无须隐忍，无须自责。我感觉她是懦弱的。

我：你觉得她这样忍着，是一种懦弱的表现？

小雪：是的，她为什么不敢大声地叫呢？

我：因为她内心有太多的恐惧和害怕，她的力量不够，她还很脆弱。所以，她需要壮大自己的力量，对吗？

小雪：是的。

我：现在看着画面中的她，她还在那哭吗？

小雪：她平复了心情，感激地看着我，但是我仍然为她抱不平。

我：亲爱的小雪，此刻你是充满智慧、力量、平静的你，看着脆弱、受伤的她，你可以对她说什么或做什么吗？

小雪：我想过去保护她，拉着她的手告诉她，这不是她的错，我想陪在她身边保护她。

我：好的，你把你想说的话告诉她。看她有什么反应？

小雪：她说，很谢谢我刚才救了她，如果可以，让我成为她的好朋友。

我：你愿意吗？

小雪：我愿意。

我：好的，现在请你拉着她的手，问她是否愿意和你一起去一个她想去的地方去放松一下？

小雪：她愿意。

我：接下来你们会去哪里呢？

小雪：我们要去看漫天的樱花。

我：好的，接下来，拉着她的手，带着她来到了樱花的世界。现在，在你们面前呈现的是一片灿烂的樱花树。你们站在樱花树下，现在请你看一看身边的她，是什么神情？

小雪：她微笑着看着树上飘落的花朵，很美。

我：看到她这么放松和开心，你想对她说什么？

小雪：我想如果她这样一直开心该有多好。

我：好的，接下来请你告诉她，是否愿意把她之前所背负的隐忍、委屈、愤怒、难过等不愉快的经历和过往，通通卸载下来，从头到脚，从上而下，不要再背负在她的身上，因为你不希望看到她痛苦。

小雪：她愿意。

我：接下来，你看着她从头到脚、从上而下把所有包括刚才的愤怒、无助、难过、委屈、隐忍等那些过往不快的东西卸载下来，然后就像花瓣被风吹散一样，让它们被风吹走，好吗？

小雪：她在很努力地卸载，真的像樱花般随风飘走，一片一片，慢慢地越飞越远，越飞越远……

我：此刻她的感受是什么？

小雪：轻松了。她笑了，看着她的侧脸，眼带笑意，我内心松了一口气。

我：请你拉着她的手，告诉她，"我希望你可以这样开心，没有任何包袱，开心下去，因为你笑起来特别好看。我们是朋友，我在乎你，我今后会一直陪在你身边，我想给你支持，我想给你力量，我想给你依靠，当你没有勇气没有力量的时候，请你记住，我一直都在你身边保护你，呵护你。"说完之后看看她有什么反应？

小雪：她过来给我一个大大的拥抱，然后她的头趴在我的肩膀，很大声地跟我说，"谢谢你，有你这个朋友真好。"

我：此刻的画面，你们两个人在樱花树下紧紧拥抱，感受彼此深深的爱和信任，多么和谐的画面，你们两个都脸带笑意。记住这些放松、和谐、平静、力量的感觉，让它们深深地印刻在你的身体里，流淌在你的血液里。现在请继续深呼吸，去感受这个愉快轻松的感觉，并记住这个放松舒服的感觉，深深地吸气，再慢慢地呼气，放松。然后等会儿你醒过来的时候，会发现自己浑身充满了力量和平静，你不再感到害怕，因为你有一个充满力量的、充满智慧的、永远支持的好朋友在你身边，你感到很安全。好的，继续深呼吸，慢慢地睁开眼睛。非常好！身体放松，活动一下四肢，放松。

我：现在我看到的是一个眼神充满着力量、面带微笑的小雪，现在你的感受如何？

小雪：我感觉舒服了，浑身畅快了不少。

我：现在头还会疼吗？

小雪：不疼了。

我：非常好，现在再看一眼这个凳子，你的感受是什么？

小雪：好像没有之前那么反感了，只不过是凳子而已。

我：你对凳子的反感害怕程度，如果要你评估的话，0~10分，现在是多少分？

小雪：5分。

我：分数比之前下降了，不再那么反感了。

小雪：对，我知道这和凳子没有什么关系，是我自己的心结。不过，我还是有些害怕坐下去。

我：非常理解，害怕是正常的，不可能一下就改变。但是，亲爱的小雪，你已经非常棒了，能够勇敢地去面对过往，充满力量地去解决问题，表达自我，这就是你的一个突破。

小雪：我觉得之前我不敢去面对，根本不愿去触及，但是通过刚才的画面，把我想说的、我想要做的都表达出来之后，反而轻松了。之前我一直忍着，觉得不敢去面对，我在逃避。我觉得这是一件难以启齿的事情。但是，当我再去看这个画面的时候，我表达了内心真正的想法，宣泄出来了，现在舒服多了。

我：小雪，为你的勇气点赞，确实要非常大的勇气才可以去面对。你刚才的表现非常棒，我感到了你的力量。

小雪：谢谢你，我想我找到了我害怕的点在哪里了。

我：点在哪里呢？

小雪：我之所以害怕坐，就是我一直会想起来这个画面，我自己会莫名地把凳子和这个画面联系在一起，让我产生只要一坐凳子，就会想起我过往的这个画面，非常不堪，但我现在回过头，其实也没有那么不堪，因为又不是我的错。

我：分析得非常棒！是的，这本身不是你的错，当时的你是无辜的、脆弱的。当时的那个自己是需要被关怀和被理解、被接纳的。

小雪：所以问题不在凳子身上，而在于我到底有没有勇气去面对过往的这个画面，然后去接纳自己。

我：是的。

小雪：我想我现在好像可以试着坐下来了。

我：真的可以吗？来，深呼吸，深深地吸入一口气，吸入你想要的力量、平静和智慧，慢慢呼气，身体放松，慢慢地坐下来。

小雪：（犹豫了下）直接坐下来了。

我：哇，非常好！现在什么感觉？

小雪：坐凳子好舒服啊，站了那么久，感觉脚酸，现在感觉凳子很亲切。

我：哈哈，看到你现在这个样子，我感到开心。现在给自己的脚一个关怀，用手揉一揉膝盖和脚踝，它们太累了，一直站着都没有好好地休息，请把你的温暖和关怀也带给你的脚。

小雪：对，确实太累了，确实要感谢。这段时间以来这么辛苦地站着，现在看来是应该好好坐一坐，好好让脚休息休息了。不过我有些担忧，不知道敢不敢坐公交车的座位。

我：这个担忧是正常的。我想对你说，亲爱的，能够看到你勇敢地去面对并迈开这一步，勇敢地坐下来，我真为你高兴。坐凳子的这件事情需要一个过程，不要太着急，今天已经迈开了一步，就是巨大的进步。如果乘坐公交车时，你依然不敢坐下来，也没有关系，听从你内心的声音，告诉自己，深呼吸，关怀自己，告诉自己，此刻我是充满力量和平静的自己。然后慢慢去关注自己的感受，不要催促或者逼自己去坐下来。相信接下来的你会越来越有能量，会越来越能接受自己，但是它有一个过程。

小雪：嗯，我感觉我现在比较有力量了。或许我在公交车上可能多少会有一些顾虑吧，但是我知道自己确实没有那么害怕了。

我：非常好，这就是你的进步，这是你的勇气、你的力量带给你的改变，不管怎样，请记住，未来有一个人会一直陪在你身边，她充满力量地陪伴你、支持你、包容你和接纳你，她会一直在你身边，当你需要她的时候，她随时都在。

小雪：我明白了。现在真的感觉轻松了。

案例分析

本案例当中的小雪的恐惧不会立刻就改变，需要多次梳理才能治愈。通过小雪因为凳子脏而引发害怕情绪的背后，是对性骚扰经历创伤的逃避和隐忍。把凳子和性骚扰的画面相连接，进而引发排斥和恐惧，凳子会让她再次回到之前经历的痛苦情绪里而无法自控。所以，当我们通过梳理拨开恐惧的背后，是对性骚扰的创伤时刻，我们需要去面对过去的创伤，去接纳那个受伤的自己，去面对它、接纳它，并把内心真正想要表达的东西释放出来、表达出来，最终把负面情绪卸载掉。让自己能够去真正面对它，去看到它，让经历创伤的那个自己被看见，被接纳，被支持，被理解，当这些需求被满足后，过去的自己才会慢慢地走出来，走出这个恐惧的情绪的迷雾，最终回到现实去接纳自己，拥抱更好的有力量的自己。

2. 我不敢结婚

步入 30 岁的小菲徘徊在结婚的边缘。男朋友和家人一直在催促她结婚，她内心也想要一个温暖的家，想要和男朋友走进婚姻的殿堂，彼此相亲相爱，可是当她真的要去领结婚证的那一刻，又因为害怕而犹豫，始终没有勇气走进民政局。家人不理解，她也很困惑，不知道自己究竟在害怕什么。她常听别人说婚姻是爱情的坟墓，步入了婚姻就意味着每天只剩下琐碎的柴米油盐。这是她想要的吗？她真正想要的是什么？让我们一起拨开小菲恐惧情绪的迷雾，一起探求背后的真正原因。

小菲：我和我男朋友已经交往了四年了，早就到了谈婚论嫁的阶段，这两年一直被催着结婚，可我们始终还没有领证。

我：没有领证的原因是什么？

小菲：我害怕。我感觉我没有勇气去面对。

我：你说的面对指的什么呢？

小菲：没面对好进入婚姻的状态，我觉得自己还是小孩子。

我：你觉得自己还不够成熟，担心自己无法适应婚姻生活，是这样吗？

小菲：是的，我总觉得自己就是一个孩子，还没有长大，感觉结婚离我很遥远。

我：从哪些方面认为自己像个孩子呢？

小菲：我和我男朋友相处的过程中，我都觉得自己不成熟，容易发脾气。

我：能具体说一说什么情况下生气发脾气吗？

小菲：比如，他没有给我买我想要的礼物，或者他说的话我不爱听，我就会发脾气。经常这样，我都很讨厌这样的自己。

我：你对自己发脾气这件事情很不满意。

小菲：嗯，我感觉我男朋友都已经厌烦了，他现在都不怎么哄我了。结婚以后，如果我依然这样的话，他肯定也不理我，我都能想到自己在房间里面孤单痛哭的场景，我觉得自己好可怜。

我：你担心自己被抛弃？

小菲：嗯，我不喜欢被冷落，我感觉现在男朋友好像就有点冷落我了。

我：所以，你担心结婚之后会被抛弃和冷落？

小菲：是的，我不知道怎么才能改改我的坏脾气，如果没有改变，我就没有办法结婚。

我：你有努力去改变自己，去调整自己的情绪吗？

小菲：我不知道怎么去改，一直以来我就是这样的脾气，遇到一点儿事情就发火。如果我男朋友没有满足我的话，我就很生气，甚至有的时候是小题大做、大发雷霆，我控制不住自己。

我：能举个例子吗？生活当中你们常常因为什么事情会发脾气？

小菲：前两天，我想要吃牛肉，结果他点了一份鱼。我就很生气，我觉得他根本就没有听我的话。

我：你希望你男朋友对你言听计从，是吗？

小菲：是的，我喜欢被他宠的这种感觉。

我：你希望他宠着你，希望他是非常听话的人。

小菲：对，什么事情都要听我的，可是他做不到。

我：他为什么做不到呢？

小菲：他有很多喜欢的东西和我不一样，我喜欢吃牛肉，他喜欢吃鱼，所以我说我要点牛肉，结果他竟然点了一份鱼，他是不是很自私？

我：你觉得他只顾他自己没有顾虑到你，所以你很生气。

小菲：对，我希望他时时想着我。

我：你说的时时，我可以把它理解为一天二十四小时，每时每刻都关心你、在乎你、顾及你的感受吗？

小菲：我就希望是这样。

我：那你男朋友时时想着你，包括上班的时间，整个脑海里也都是你，然后想着你吃了什么，做了什么，说了什么话。是这样吗？

小菲：对。

我：那他还能好好地工作吗？

小菲：好像不行，那他工作的时候可以不用想着我。

我：也就是说除了工作之外，所有的时间全部都是你。

小菲：是的。

我：除了工作以外，他的家人也都不用去想，他的爸爸妈妈也都放下，他的朋友也不要，全世界里只有你一个人，是这样吗？

小菲：那倒不是，父母亲还是要的，他是很孝顺的，他有些朋友也很仗义，挺关心他的，有时也会帮助他，所以他朋友也还是要有的。

我：所以除了工作和父母、朋友，其他时间都想着你。包括上厕所的时间，吃饭的时间，无时无刻都想着你。

小菲：好像也不全是。

我：还有哪些地方？

小菲：我只希望他和我在一起的时候能够想着我。

我：也就是说，你现在不希望他时时刻刻想着你，只要和你在一起的时间里想到你、关注你就行了。

小菲：对，可我觉得他跟我在一起的时候，脑子里面都还在想其他事情。

我：你是如何得知他在想其他事情的呢？

小菲：比如刚才我说的，我要点牛肉，结果他点了一份鱼。

我：没有顾虑到你，所以你认为没有在乎你，因而你会生气。

小菲：对呀，我当时生气地指着他说，"你太自私了。"

我：你男朋友当时有什么反应呢？

小菲：他也很生气，然后大声地说，"已经没有牛肉了，你就不能凑合吃鱼吗？"

我：听他这样说，你的感受是什么？

小菲：我很生气，没有牛肉可以去其他地方吃啊，为什么要点鱼？

我：鱼是他喜欢吃的吗？

小菲：嗯。

我：你不希望看到他点他喜欢吃的吗？

小菲：当时没想那么多，就觉得我要吃的，他却没有给我。

我：当时没想那么多，那现在想一想呢？

小菲：现在想想他喜欢吃鱼，点一份鱼好像也很正常。

我：所以现在想一想，比较能够接受，是吗？

小菲：对啊，其实点鱼也很正常的，因为这家店的招牌就是鱼，不知道为什么当时自己那么生气。

我：你生气是因为当时你认为他没有顾虑到你，认为他自私。所以生气是因为他自私的原因，是这样吗？

小菲：嗯，你想如果对方是一个自私的人的话，怎么可能跟他结婚呢？

我：点了一份鱼，就等于自私，就等于非理想结婚对象。可以这样理解吗？

小菲：当时是这么想的。

我：现在想一想呢？

小菲：现在想想还是有点可笑和幼稚的，觉得他点一份鱼是正常的，不能说点一份鱼就自私，他除了这件事情，还有很多事情还是在想着我的。

我：嗯，所以点他爱吃的鱼，和自私并不是画等号的，对吗？

小菲：是的。所以说我就是这么幼稚，像小孩子，暂时不适合结婚。

我：听起来，你觉得结婚主要是自己幼稚发脾气阻碍了你。

小菲：对，我不知道怎么样才不幼稚。

我：你说的幼稚主要是指发脾气，还有其他方面吗？

小菲：困扰我的问题主要就是脾气不好。

我：那我们今天就来谈一谈如何管理自己的脾气，如何不再乱发脾气，控制自我的情绪。现在请你闭上眼睛，在脑海当中浮现让一个你生气的情景。你看到了什么？

小菲：我看到的还是刚才的情境，我要吃牛肉，结果他点了一份鱼。

我：好，现在想象你此刻就是在画面当中的那个自己，现在非常生气，桌上放了一盘鱼。你能感受自己的心跳加快，呼吸加重。去感受你当下的生气的强度，0~10分，表示从不生气到非常非常生气，你评估一下，此刻生气达到多少分？

小菲：7分。

我：好的，现在请关注自己的身体。深呼吸，深深地吸气，憋住五秒，慢慢地呼气，继续深呼吸，吸气，吸入你想要的平静，冷静，成熟，慢慢地呼气，把你不想要的那些不被理解、不被关注、不成熟、幼稚等通通都呼出去。继续深呼吸，让自己逐渐平静下来。现在当你平静下来之后，请你问自己，"此刻，我感到很生气，我生气是因为我需要什么？"请你想一想你到底真正内心需要的是什么？

小菲：我需要他在乎我的感受，我希望他关注我。

我：很好。请你再好好想一想，为什么你的需求没有被他满足？他在点鱼的时候为什么没有办法很好地顾虑你和关注你呢？站在他的角度想一想，可能什么原因？

小菲：可能是这家店真的没有牛肉了，只有鱼了；还有就是他真的很想吃鱼，我知道他已经很久没有吃鱼了；另外就是，他想让我尝一尝这家鱼的味道，他以前有跟我提过这家店最出名的就是鱼，想让我尝一尝，也许我会喜欢吃。

我：所以他点鱼并不是说他只想着他自己，只是在当下确实存在着这样或那样的原因，而没有办法很好地顾虑到你，是这样吗？

小菲：对，这样说，好像他确实也不是自私，他喜欢吃的鱼，他想让我和他一起分享。

我：当你这样想的时候，你发现原来他并不是没有顾虑到你，甚至他想跟你一起分享，说明了什么呢？

小菲：说明他还是在乎我的，他有顾虑到我，是我没有顾虑到他。

我：当你现在这样想的时候，还会那么生气吗？

小菲：现在好像没有那么不生气了，觉得他愿意和我分享，就说明他其实是在乎我的。

我：好的，此刻你已经比较平静了，请看着他，你想对他说什么？把你真正的感受和想法告诉他。

小菲：我想要跟他说，"亲爱的，我误会你了，是我没有关注到你，你一直喜欢吃鱼，可是我很久都没有陪你一起吃，我很抱歉。"

我：当你说完之后，你男朋友是什么反应？

小菲：他很诧异我跟他讲这些话，然后他拉着我的手说没关系。

我：然后呢？

小菲：然后的画面就是他坐下来夹了一大块鱼肉，很细心地把那些鱼刺挑掉，夹到我碗里。

我：看到这个画面，你的感受是什么？

小菲：很温馨啊，我最理想的画面就是这样，你中有我，我中有你，我们一起相互分享，我能感受到他对我的满满的爱。

我：当你说到这儿的时候，我看到你不自觉地笑了。

小菲：对，我感觉看到这个画面我很开心，这就是我想要的。

我：好的，继续深呼吸，放松，感受这个画面当中给你带来了满满的爱的能量，感受到你男朋友对你满满的爱、满满的关怀、满满的信任。记住这份感觉，记住他对你的爱，把这份爱深深印刻在你的脑海里，印刻在你的身体里，印刻在你细胞和血液里面。继续深呼吸，慢慢地睁开眼睛。

小菲：我明白了，这个画面当中之所以会出现我想要的这个画面，原来是我一直欠缺的，那就是没有花心思站在他的角度看问题。

我：亲爱的，你能够有所领悟和反思，对自己也有了更多的了解。

小菲：一直以来，我都认为我只会发脾气，但是我从来没有想过我发脾气的真正原因是因为我只顾自己，而没有换位思考，如果当时我能够站在他的角度考虑问题，就不会那么生气了。

我：对的，换个角度换位思考，感同身受，你会发现很多的误解就会澄清和解开。

小菲：原来一直自私的人是我而不是他，我真的太久都没有去思考他到底要的是什么，老想着我要什么而他有没有给我，但是他到底要的是什么，我好像也没有太多去考虑。

我：所以引发你情绪的是彼此之间的需求。此刻我很高兴，你已经知道了你真正要的是什么。

小菲：对，我知道我要的是他的爱。刚才的画面让我感受到满满的爱。那么请问接下来，以后我应该如何处理坏脾气呢？

我：我看到了你想改变的决心和努力。发脾气的背后真正的问题就是需求，所以你可以按照我刚才这个画面当中的步骤。

首先，觉察情绪。先觉察自己的情绪是什么，比如说是生气还是难过、愤怒等。

其次，暂停身体。任何情绪都会引发身体反应。所以先让身体及时停下来，安抚和关怀自己的身体。通过做十几次的深呼吸，达到放松身体的目的，因为身体放松，情绪才会跟着放松下来。只有这样你才能更好地去思考到底要的是什么。

第三，分析你的需求。想清楚你情绪背后真正要的是什么？比如需要他的关注、理解、关爱、包容，还是其他什么。再分析为什么此刻他没有及时满足你这个需求，换位思考他不能满足你的原因是有哪些？

最后，沟通。把你真正的感受告诉对方，和对方进行沟通。这个沟通的前提一定是在两个人心平气和的情绪状态时，而当你心平气和地去沟通，你会发现彼此的心靠得更近。

小菲：听起来这四个步骤我估计要去多练习才行，我感觉我一下子还是没有办法很好的控制。

我：是的，通过今天的画面的尝试，我知道你一定可以做到。但是，想要改变和调整自己的情绪，需要持续地去践行这几个步骤，你把它记下来，然后当你在今后的生活当中有遇到情绪困扰的时候，你就把它通过纸笔的形式把它记录下来，记录事件，情绪，需求，需求不被满足的原因，如何沟通，这也是你今天咨询完之后的作业。把你的情绪困扰事件，按照这样的思路把它记下来，持续的践行，你会发现，你会成为自我情绪的主人，相信你可以慢慢地调整好你的情绪。

小菲：谢谢您，我明白了。

案例分析

通过对小菲不敢结婚的案例梳理，我们发现导致她真正不敢结婚的背后是她对自己的不满意，尤其是对自己乱发脾气、对自己不成熟和幼稚的一种不满，认为自己还不适合结婚，而真正的问题是引发她发脾气的解决方式出了问题。如何更好地管理好自己的情绪才是她不敢结婚背后的真正问题。拨开恐惧的背后是她没有被满足的需求。她需要被关注、被关爱，害怕被抛弃被冷落，所以当了解需求之后，去换位思考，需求不被满足的原因有哪些？然后再进行有效的沟通，那么最终问题会有效的得到解决。后续对这个案例仍然要进行原生家庭创伤、情绪和沟通技巧的深入探索。

3. 走出"死亡"的牢笼

害怕死亡是我们人的本能，我们常常不敢正视死亡，但真的有一天想象它来临的时候，我们会以什么样的姿态和面容去面对它？案例当中的主人公阿峰是一位司机，30多岁，有妻有儿，由于同事夜间开车猝死这件事情对他造成了心理阴影，总担心自己有一天也会猝死，所以对死亡的恐惧占据了整个生活。到底该如何以更好的姿态去面对自己内心的恐惧，到底他真正的恐惧是死亡还是死亡背后所不能承受的内容呢？让我们一起通过梳理，拨开恐惧死亡背后的真相。

我：听你爱人说，你这段时间一直处在恐惧当中。

阿峰：对，我很害怕，晚上都睡不着觉。

我：这种害怕情绪持续多长时间了？

阿峰：差不多一个月了吧。

我：能跟我说一说你在害怕什么吗？

阿峰：我害怕死亡，我觉得自己有一天也会像我朋友一样，突然间就没了。

我：朋友的事情对你产生了心理阴影。

阿峰：对，一个月前，和我关系比较好的同事在夜间开车的时候猝死，而我自己也是一名司机，作息时间很不规律，得不到很好的休息，我担心自己也会有这么一天。

我：你的这种担心有多大的强度呢？如果0~10分来评估的话，0分是一点不担心，10分是非常非常的担心，你觉得自己达到多少分？

阿峰：9分，只要躺在床上我就睡不着，老想着万一自己有一天也遇到这种不测该怎么办？我这一个多月以来都不去开车了，我不敢去了。

我：那你有想过如果真的有一天，那后果是什么？

阿峰：那我会后悔死，因为我还没有来得及陪我孩子好好长大，我还想看着他考上大学、结婚生子呢。

我：所以你想到以后不能陪在孩子身边，会觉得非常遗憾和后悔。

阿峰：嗯，所以我害怕，我害怕如果真有这么一天，我突然离世，老婆和孩子该怎么办？

我：所以你害怕的是你离开以后，担心家人的生活不能继续下去，是这样吗？

阿峰：对啊，你说我孩子现在才 3 岁，那么小，而且我老婆也还这么年轻，没有我的话，他们该怎么办呢？

我：好的，请你闭上眼睛，深呼吸，现在请尽量去想象一下，如果真的有这么一天的话，假设你看到这样的一幅画面，在家里面只剩下妻子和孩子，你想象一下他们会做什么？

阿峰：我妻子会痛哭流涕，每天都以泪洗面，会一直怀念我，孩子也哇哇地哭，他还太小，就没有了爸爸，妻子一定很难过和心痛。

我：看到这个画面，你也一定很心痛。

阿峰：是的，我很心痛。我不愿意让我妻子这么辛苦。

我：请再继续想象一下，当你妻子心痛之后面对生活，需要养活孩子，她会做什么？

阿峰：她会很坚强，会继续去店里上班，然后晚上好好陪孩子，我丈母娘会帮忙带孩子。日子过得很辛苦，她会很累。

我：看她那么辛苦，你很心疼，但她依然撑起了这个家，对吗？

阿峰：对，我知道她一直都可以的。

我：你也相信她可以付出她全部的爱去对待孩子，陪伴孩子长大成人，对吗？

阿峰：那是当然，她很爱孩子，她把全身心的爱都给了孩子，会培养孩子成人，会看着孩子成家立业。

我：所以你的孩子在母亲和其他家人的照顾下也会茁壮成长，对吗？

阿峰：对，即便我不在了，他们还是可以生活的，就是妻子会比较辛苦。

我：所以你之前担心自己如果突然有一天不在世界上了，妻儿就无法生活这种担忧是否需要再重新审视呢？

阿峰：现在想一想，好像没有我想得那么严重。没有我在的日子，他们依然可以生活，甚至妻子可能还会再找一个爱她的人，组一个新家，但至少我知道他们依然会继续努力生活下去。

我：所以现在想一想，事情是不是并没有你想得那么糟糕？

阿峰：对，是我想得太严重了，之前老觉得好像没有我，他们就活不下去了。

我：我们再来分析一下死亡本身的问题。你担心自己会像同事一样猝死，你觉得出现这种事情的概率有多大？

阿峰：像我们没日没夜地开车熬夜，生活作息不规律，随时都有可能。

我：如果让你评估的话，出现猝死的概率是多少？

阿峰：有 50% 吧。

我：为什么是 50%？而不是 60% 或者 80%，能告诉我，你是如何评估出来的？

阿峰：一方面是因为自己的身体好像还可以，虽然作息不规律，但是还年轻，身体没有太大的毛病。另外一方面猝死是突然的，没有办法预料，每个人都有可能遇到，所以有一半的概率。

我：以你的了解，在你的这个行业猝死的概率有多大？

阿峰：我之前有去搜新闻，但网络上大部分的猝死都是 IT 行业这种信息化的脑力劳动者更多，像我们这种司机还是很少的。

我：所以你知道的这种案例不多，除了你同事的这一例，你还知道其他案例吗？

阿峰：目前我就看到我同事这一例。

我：所以出现这种死亡的概率不高。而且通过这件事情，你会更注意自己的身体健康这方面的问题，是这样吗？

阿峰：对，我同事出事之后我就去医院做了全面检查，除了一些脂肪肝的问题之外，其他方面都还好。

我：所以你对自己的身体还是比较有信心的。

阿峰：对，但是我同事之前身体也好好的，所以这种事情不好说。

我：因此这种猝死现象，对于身体好坏没有太大的直接关系，那么和什么有关系呢？

阿峰：我觉得这是突发情况，无法去预料，所以我也不知道如何去预防。

我：听起来，你也有一些茫然和无助，你不知道该怎么样去努力避免它。

阿峰：对，我问过医生，医生都说这个猝死，所有人都可能存在的，只有自己尽可能多休息，多注意些，多调整好身体吧。

我：所以这种猝死在各行各业，在所有人面前其实都有可能发生。

阿峰：可以这么理解。

我：那么我们现在重新梳理一下，对于"猝死"这个问题，你现在担心的点是什么？

阿峰："猝死"是每个人都有可能发生的，那就是平时多注意休息，劳逸结合，多珍惜现在的每一天。

我：那你之前担心的妻子孩子的问题，现在是什么感受呢？

阿峰：现在觉得人活一辈子，这个地球即使没有你，生活也照常继续，我的妻子和孩子，在没有我的情况下，虽然会生活得苦一点，但是仍然还是会继续生活下去的，所以这一点我现在好像没有那么担心了。

我：听起来你有一些释然了。现在如果让你评估0~10分，你对死亡担忧是多少分？

阿峰：5分吧，觉得每个人都会死，只不过是什么时候死，以什么样的方式去死亡，然后在能够预料之前尽可能地珍惜当下，过好每一天，去尽可能去珍惜家人，充实每一天。

我：从你刚开始担忧的9分到现在降到5分，是什么原因导致你降下来的呢？

阿峰：就是你这样不断地问我，我不断地反思，就发现原来我自己的担忧太过了，想得太极端化了，因为每个人都会死亡，地球不是离开你就不转了，他们就不生活了，不是的，事情没有我想得那么糟糕，所以这样想的话，我就觉得好像也没有必要那么担心了。还是先去做自己的事情再说，毕竟担心不能当饭吃。

我：很高兴你能够放下这些担忧。现在还有什么困扰吗？

阿峰：暂时没有了，我觉得我还是要好好工作，好好赚钱养家，不过要比之前更加注意劳逸结合，多一些时间陪伴我的家人。谢谢你！

案例分析

从以上对阿峰的案例梳理，我们会发现，最初来自同事死亡的创伤一直在影响着他。而他真正担忧的并不是死亡本身，他不是因为怕死，而是死亡的背后，他对家人未来生活的忧虑，当我们去梳理出他担忧背后他的家人，在没有他的日子里会有什么画面的时候，那么他会重新审视自己的问题。

很多的担忧往往源于我们过于扩大化和糟糕化的想法，然后给自己编织了一个又一个非常恐怖的画面，自然把自己吓坏了，就觉得生活无法继续，或者生活在惶恐之中，不能照常工作。所以，拨开恐惧死亡的面纱，我们会发现真正背后的根源在于自己编织的一部恐怖片，让自己无法自拔。因此，我们要重新梳理恐惧情绪的背后是他的安全感没有得到满足，通过梳理他的担忧，提升他的控制感和安全感，他发现妻儿是安全的，是可以继续生活的时候，那么就可以走出恐惧死亡情绪的泥潭，去迎接明媚的阳光。

4. 恐惧蛇的小女孩

9 岁的小女孩娜娜，因为害怕蛇而久久不能入睡，在大家看来这只是再简单不过的恐惧而已，但是对小孩而言，那就是全世界的恐惧。我们常常以为害怕它就去面对它就好了，有些时候去面对恐惧，不一定真正解决问题，也许恐惧只是个表象。究竟孩子的恐惧背后藏着怎样的真相？让我们通过案例的剖析和梳理，拨开娜娜恐惧情绪的迷雾，探寻藏在背后的真相。

9 岁小女孩娜娜由妈妈陪同前来咨询。娜娜妈妈一进门坐下后就直接阐明情况。

娜娜今年 9 岁，读一年级。娜娜近两个月来经常哭闹，要妈妈陪伴，一个劲儿地说害怕，包括白天和晚上，晚上经常做噩梦，会梦到蛇，所以常常会觉得特别害怕，不敢睡觉，一直需要妈妈陪着，但是由于妈妈生完二胎也要照顾小的弟弟，并没有过多的精力去照顾她，所以哭闹得越来越凶。晚上做噩梦的次数也越来越频繁。目前已经没有办法去学校学习。

我观察到，娜娜由她妈妈陪同前来咨询，走进咨询室的时候，还很没有安全感地拉着妈妈的手，显得紧张和拘谨，不愿意妈妈离开。她妈妈在阐述事情的时候，娜娜在一旁无神而安静地贴在胸前。对此，我没有特意支开妈妈，而是让她在妈妈的陪同下画画。

娜娜：我画什么呢？

我：你就画你愿意画的东西，任何你想画的都可以。

娜娜：我想画妈妈。

说完，她很开心地拿着画笔就开始画起来。

两分钟之后画好了，呈现在我眼前的画面是一位妈妈牵着小孩的手在放风筝，然后妈妈的身旁站着爸爸，一家三口开心地笑着。

我：阿姨看到娜娜画得非常认真，画出了一幅特别美的画，这个画面给人感觉好开心呀。不知道我们亲爱的娜娜是什么感受呢？

娜娜：（开心地笑了）对呀，我最喜欢看到爸爸妈妈陪我一起玩了，尤其是妈妈，小女孩牵着妈妈的手，一只手拿着小风筝，多开心啊。

娜娜妈妈在一旁也笑了，不过立即反问道，哎呀，你怎么没有把弟弟画上去呢？

听到妈妈的反问，娜娜的表情瞬间就变了，不太开心地回答，哦，忘了。

我觉察到了娜娜的情绪变化，大概知道真正的问题出在哪里。自从弟弟出生后，妈妈的关注点更多地放在弟弟身上，娜娜缺少父母亲的关注，至少她是这么认为的，所以内心特别期待获得爸爸妈妈的爱和关注，但是这种需求并没有得到满足，这个画面是娜娜内心的投射，她内心没有被满足的愿望通过这幅画呈现了出来。

我感觉到她妈妈在场，娜娜好像不愿意过多谈话，便借故她妈妈上厕所之际，单独和娜娜聊。

我：娜娜，你妈妈今天带你来阿姨这边，说你经常会做噩梦，是什么情况呢？

娜娜：阿姨，我确实是经常做梦，而且老是会梦到蛇。我感到很害怕，很需要妈妈陪在我身边，这样我就不那么害怕了。

我：还记得你从什么时候开始梦到蛇呢？

娜娜：上个月的时候开始的。那个时候还没开学，妈妈带我去外婆家，然后真的看到了一条蛇，我当时就跳起来了，可是外婆却大声嚷嚷说我这么大的孩子了还这么胆小。那天晚上睡觉，我就梦到了蛇，特别可怕。

我：遇到蛇确实会让人感到非常害怕，阿姨也非常害怕蛇，如果让我看到蛇，我也会立刻尖叫，拔腿就跑。所以当时你很害怕，结果你外婆反而批评你胆小，你什么心情呢?

娜娜:对呀!那时候我很难过,很伤心,我哭了,之后我把这件事情告诉了妈妈。

我:你妈妈听完后有什么反应?

娜娜:我妈妈也没说什么,只说了一句没什么好怕的。

我:本来看到蛇让你害怕,结果被外婆批评,告诉妈妈之后,却没有得到妈妈的安慰,所以我能感受到当时的你一定很难过和伤心。

娜娜点点头,听完之后低下了头,眼泪在眼眶打转,一副伤心难过的表情。

我:平时妈妈会不会这样对你呢?

娜娜:她以前不这样的,对我非常好,我想要什么都会给我,但是自从生了小弟弟以后,她好像就开始越来越不爱理我了。没有生弟弟之前,妈妈可爱我了,很关心我,经常带我出去玩,给我讲故事之类的,而且很少对我发脾气。但是有弟弟之后,我感觉妈妈不爱我了,我要妈妈陪我,可是她每次都说没空、让我省点心、让我懂事一些之类的话。然后我发现当我有礼貌一些,当我变懂事一些,当我去做一些家务活的时候,妈妈就不再那么烦躁了。所以我想让妈妈开心,就是自己要变懂事,因为我很希望看到妈妈开心的样子,可是如果我没有做好这些事情,妈妈就是不爱搭理我,对我很不耐烦,我开始害怕了。

我:你害怕自己会失去妈妈的爱?

娜娜:嗯。我很害怕,我担心有一天妈妈不再爱我了,我担心有一天我做得不够好,妈妈就不再爱我了。我就会被爸爸妈妈抛弃,变成没有人爱的孩子。我怎么办?说完,她伤心地哭了。

我:亲爱的娜娜,我感受到你的难过和担忧,阿姨听完也是非常难过。我希望娜娜可以得到妈妈的爱,可以健康开心起来。所以你真正需要的是妈妈还像以前那样爱你,关心你,照顾你和陪伴你,是这样吗?

娜娜:(点点头)是的,我害怕蛇,当我害怕的时候,我好希望妈妈能够陪在我身边。

我：对的，当我们害怕的时候，最信任的人就是自己的妈妈，所以特别希望妈妈在身边，能够陪伴和关爱自己。当你晚上做噩梦的时候，妈妈有在你身边吗？

娜娜：是的，这段时间以来，只要我做噩梦，我妈妈就会回到以前那个样子，对我特别好，特别关心，声音也很温柔，也不发脾气了，对我很有耐心，而且也没有那么在意弟弟了，而更多的是关心我。当我做噩梦的时候，我大声哭喊害怕的时候，我感觉到我妈温柔地抱着我。

我：所以你希望自己晚上做梦，可以得到妈妈的关爱。也许并不是都做噩梦，但你知道这样的话，从前的那个爱你的妈妈就会在你身边守护你和陪伴你。

娜娜：对啊。我哭闹的时候她会抱着我，我就好多了，我就会觉得妈妈是陪在我身边的。我妈妈依然爱我的，并没有抛弃我。阿姨，这是个秘密哦，请帮我保守这个秘密，好吗？

我：好的，阿姨答应你。

在此谈话之后，我转向对娜娜妈妈进行咨询，因为问题本身不是孩子恐惧的问题，而是孩子不被关爱和陪伴的问题，所以涉及孩子家长今后如何对孩子进行家庭教育，如何更好地满足孩子的需求，如何引导孩子，和孩子进行沟通和教育的问题。

案例分析：

从上述案例对话，我们可以了解到，小孩真正引发恐惧，表面上是蛇，但通过沟通深入探寻事实真相，才会发现，原来蛇的背后其实是孩子对妈妈抛弃的恐惧，对不被爱的恐惧。其实害怕蛇只是娜娜内心的一种投射，真正的根源在于妈妈没有及时关注到她的需求。孩子内心真正需要的是妈妈无条件地接纳和关爱，当这种需求没有满足时，就会通过各种外化的行为表现出来，例如害怕蛇，做噩梦。这种现象在当今的二胎家庭中并不在少数。当父母生了二胎之后，常常把时间精力更多地关注在老二身上，容易忽视老大的感受，从而容易引发老大一些行为和心理问题。

蛇仅仅只是一个投射，只是一个表象，真正要表达的内容，其实是孩子对母爱的需求没有得到满足的一种行为表现而已。孩子试图通过一些行为，比如做噩梦、大声哭闹等行为来寻求父母的关注，而如果这样的行为方式有效，被强化之后，孩子就很容易再一次呈现这样的行为模式。这也是导致娜娜最近常做噩梦背后的真正原因。所以拨开娜娜恐惧情绪的迷雾，我们看到的是关爱本被看见的需求没有被满足。

5. 我害怕毕业

不少大学生对毕业存在担忧，担心未来自己无法很好地适应社会，找到理想工作等。本案例中的主人公小怡，是一名大三的女生，面对还有一年即将大学毕业，她却感到深深的恐惧，到底她真正恐惧的是什么？让我们一起拨开她恐惧情绪的迷雾，探寻背后的真相。

小怡：老师我很害怕，我不知道我的未来是个什么样子。

我：你担忧你的未来不是自己所想的那样。

小怡：嗯，是的。

我：你有多担忧害怕呢？如果0~10分来评估的话，0分是一点都不担忧，10分极其担忧，你觉得自己是多少分？

小怡：7~8分吧。

我：能告诉我，你在担忧害怕什么呢？

小怡：我害怕毕业，我不想毕业。您一定觉得很奇怪吧？大家都巴不得赶紧毕业，找工作赚钱，可是对我来说，毕业就是失业，我无法想象自己没有工作是什么样子？

我：如果找不到工作，会有什么后果呢？

小怡：就会被人嘲笑。

我：被人嘲笑之后会怎样？

小怡：就觉得没脸面对父母，觉得他们花了这么多钱供我读大学，结果还让他们丢人，没面子。

我：你觉得对不起父母，让父母丢脸，再想想，然后会怎样？

小怡：父母就会鄙视我，看不起我，不要我，不理我。

我：说到这里，你流眼泪了，你特别害怕被父母亲抛弃，是这样吗？

小怡：对啊，每次回家，我都非常不开心，我不想要这样的父母。

我：你想要的父母亲是什么样子呢？能和我具体说一说你的父母吗？

小怡：老师，其实我发现我害怕毕业，确切地说是害怕被他人牵制，我感觉一直受制于人。觉得自己像个木偶一样，一直被人控制着，我想要逃，可是我逃不掉，我想借毕业机会想逃跑，但我知道这是不可能的。

我：你说的他人指的是谁？

小怡：就是我的父母。

我：你觉得爸爸妈妈经常对你管得过多，让你感到害怕。对吗？

小怡：嗯。

我：看到你非常难过，忍住没有流眼泪。亲爱的，如果你想哭就放声大哭，老师会在这里一直陪着你，把你之前所有的委屈、伤心痛苦恐惧等都哭出来。

小怡在我面前哭了三分钟左右。我在旁边静静地陪着。

小怡：老师，我现在好多了。

我：（拍着她肩膀）现在方便聊一聊你的父母吗？

小怡：我很讨厌他们，但是我不知道该如何说。我从来没有和别人谈论过我的父母，我不知道该从何谈起。

我：好的，还没有想好该怎么说，也没有关系。现在请你闭上眼睛，扫描下全身，去感受这些害怕担忧的情绪在你身体哪个位置是比较不舒服的？

小怡：胸口闷闷的。

我：好的，深呼吸，深深地吸气，然后慢慢地呼气，让自己的身体慢慢放松下来……很好，继续深呼吸，把你的手自然地放在胸口不舒服的地方，把手的温暖和关怀带到那，用手去轻轻安抚它，边安抚，边对它说，"亲爱的，我感受到你了，我看到你了，谢谢你的提醒，谢谢你用这种不舒服的方式来提醒我，现在我终于看到你了，感受到你了。"说完继续用手安抚它，有放松一些吗？

小怡：好些了。

我：请继续安抚它，现在透过胸口的不舒服，让你感受到什么画面？在你从小到大的经历中，请浮现出一个印象深刻的画面，让这画面慢慢地浮现出来，当你看清之后，请告诉我，你看到了什么？

小怡：我看到我爸妈站在我面前，那是我 12 岁的时候。

我：请你认真看一下他们的表情是什么？

小怡：我看到了爸爸非常不屑的眼神，还有爱答不理的妈妈。

我：此刻画面中的小怡是什么反应？

小怡：害怕，厌烦，想逃。

我：父亲不屑的眼神，在你从小到大的经历有经常出现过吗？

小怡：挺常出现的，只要我表现得不好，没有达到他的要求，他就会严厉地批评我，指责我，小的时候还打我，后来上高中以后他基本上没有打我，但是如果我没有按照他的要求做的话，他就会不理我，而且经常对我很不屑，觉得都是我的问题，都是因为我没有尽力一样。

我：嗯，你父亲不理解你。

小怡：是的，我非常讨厌他，内心里面深深的憎恨，我曾经想过有一天等我长大，毕业以后，我就不想再回到这个家。

我：那你的母亲呢？她是如何对待你的？

小怡：父母亲关系不好，基本上走在离婚的边缘，所以他们经常吵吵闹闹从小到大都是这个样子。他们只顾自己，特别自私，都没有顾虑到我，只对我要求这个要求那个。我妈也很少关心我，除了拿钱给我之外，基本上没有管我。当我爸爸训斥我的时候，她基本上也不理我。如果他们吵架之后，我妈就对我爱答不理的，好像做错事情的是我一样。

我：听你的描述，妈妈对待你这种方式让你特别难过和委屈。

小怡：我确实很委屈，又不是我的错，她为什么不理我，是我爸的错。

我：每当这个时候，你会对他们做什么反应？

小怡：我就忍着，然后回房间哭。

我：你不敢和他们反抗，不敢把你内心的感受表达出来，是吗？

小怡：是的，我害怕我说出来之后，他们会变得更不爱我，更不想理我。

我：我能感受到你的恐惧和无助。好的，接下来，深呼吸，放松，慢慢地放松，继续回到那个画面当中。父亲不屑的眼神，母亲爱搭不理的神情，此刻你看到这个画面当中那个小小的自己就站在他们两个人面前。你想对那个小小的自己说什么？

小怡：我想要告诉她，把她的内心话说出来，把愤怒表达出来，而不是压抑自己，委屈自己。

我：好的，小怡，请记住，此刻的你已经长大成人了，你已经有足够的力量去保护过去那个小小的自己了。此刻的你是有力量的，是平静的，是有智慧的，请你走过去拍着那个小小的自己肩膀，给她勇气和力量。让她尽量宣泄出来。然后看看小小怡有什么反应？

小怡：她有些惊讶地看着我，但还是很害怕向父母亲说出内心的感受。

我：好的，既然她害怕，此刻你就站在她旁边陪伴着她，此刻的你是充满力量和智慧的，你是否愿意帮助她，把她心里面的话向父母亲说出来呢？

小怡：我试试。

我：非常好，请你走过去，站在爸爸面前，想对爸爸说什么？

小怡：对他说，一直以来，你都是这样不屑地对我，我非常生气，我是你女儿，不是考试和面子的工具。我需要您的疼爱，可是您从来都不正眼看我，您每次那不屑的眼神伤到我了。可不可以不要这样看我？我们可不可以平等地交流？我好想有一个慈爱的、关心我的爸爸。

我：亲爱的，做得非常好，当你说完之后，你爸爸有什么反应？

小怡：他好像很惊讶。

我：他有说什么吗？

小怡：没说话，只是惊讶地看着我，然后转身走了。

我：你的感受是什么？

小怡：我有些诧异，因为按照以前，我一直以为我说出来，他应该会很愤怒地打我或者指责我，可是在这画面里，他没有这么做。

我：你感觉他有些变化，他表现的和你想的不一样。

小怡：是的，我感到有些奇怪，也有一些惊讶，可能我刚才说的某些东西触动到他了，看他离开的背影，好像也有些苍老了。

我：当你时父亲说完这些话，你的感受是什么？

小怡：感觉舒服多了。

我：你看一下身边那个小小怡，她有什么反应？

小怡：她看着我，也和我一样显得惊讶。

我：好的，此刻母亲站在你们面前，请你问一下小小怡，是否愿意和母亲交流？

小怡：她有些犹豫，还有一些害怕，不过好像比之前好一些了。

我：很好，你握着她的手，给予她力量，坚定地看着她，告诉她，你会一直陪伴着她，给她力量。

小怡：她试试看。

我：好的，你牵着她的手陪在她旁边。

小怡：她把之前种种的委屈都说出来了，她希望有个温柔疼爱她的妈妈，她希望妈妈可以开心一点，希望不爱对她爱答不理，希望可以有亲密的母女关系。

我：母亲什么反应？

小怡：妈妈哭了，好像很伤心、很委屈、很自责的样子。

我：看到妈妈这样子，你想做什么吗？

小怡：走过去抱抱她。

我：好的，抱抱她。你流眼泪了，是什么触动了你？

小怡：我妈竟然也抱住了我。我第一次感受我妈这样的拥抱，已经很久很久没有感受到妈妈这样的拥抱了。

我：你看到那个小小怡是什么表情？

小怡：她虽然哭了，但是好像有些开心。

我：好的，看着小小的自己，感受到她所经历的伤痛，你是否愿意带着她去一个她想去的地方好好释放自己呢？

小怡：愿意。

我：你们想去哪里？

小怡：她想去高高的山顶上俯瞰着脚下的大地。

我：好的，请你牵着她的手，带着她爬到了高高的山顶上，此刻你们就站在山顶，看着脚底下的大地。小小怡什么表情？

小怡：开心地笑了。

我：好的，现在请你问她是否愿意把她身上所有背负的种种委屈、难过、愤怒，伤心等通通卸载下来，让它们随风吹走。

小怡：她愿意。

我：你看着她从上到下、从头到脚，把过往的所有的伤痛通通卸载下来，然后看着它们一个个被风吹走，吹得越来越远，不见踪迹。现在卸载完了吗？

小怡：卸载完了，被风吹走了，感觉特别轻松，我看到她高兴地唱着歌呢。

我：非常棒，此刻你牵着她的手，真诚地告诉她，"你的过去我都看见了，我一直都在你身边，未来我会一直陪伴着你，陪你经历所有的点点滴滴，我会给你力量，支持你，理解你，关爱你，保护你。"当你说完之后，她有什么反应？

小怡：她拉着我的手点点头，开心地笑了，我已经很久没有看到她这样子笑了。

我：亲爱的，非常棒，请记住这份轻松、平静、满满的爱的感觉。接下来继续深呼吸放松，让这种感觉印刻在你的身体里，记住它，记住你充满力量和平静的感觉。然后慢慢地把画面收回到现在，慢慢地睁开眼睛。

小怡：（舒了一口气）我现在感觉舒服多了。

我：好的，刚才是梳理过去的伤痛，你非常勇敢而有力量地去面对和解决过去的困扰，真的非常棒！接下来我们再回到你的最初问题上，你对于毕业的恐惧现在是什么样的观点或感受？

小怡：老师，我觉得现在没有那么迷茫和担心了。未来毕业之后，不管我找什么样的工作，不管我父母对我是什么样的态度，我觉得我已经是成年人了，不管他们反对还是赞成，我想我还是遵从自己的内心，毕竟我的人生是自己的。我相信和他们坦诚沟通，把我的想法告诉他们，他们或多或少会理解吧，如果不理解，我也不想再像之前一样完全按照你们的意思去活了。

我：看到你现在释然了很多，也对未来更坚定了一些。现在评估你对未来毕业的这种恐惧担忧的话，0~10 分，现在是几分？

小怡：现在是 3 分，总体上父母亲那边，我没有那么多的顾虑了，现在的担忧就是自己的专业基础不够扎实。还有一年的时间，我还需要去历练，多做一些社会实践，然后把专业知识学好，可能的话去考研深造。

我：看到你现在放下了不少的担忧害怕，看到你对自己有了更多的认识和了解，真为你感到开心。

案例分析

从以上对小怡的案例进行梳理，我们发现，真正困扰她的并不是对未来毕业的担忧，而是恐惧害怕情绪背后是亲子关系的阻碍，亲子关系中，不被父母理解和接纳。从小到大背负了太多太多这样的伤痛，所以这一路走来，不断地积累着这样的恐惧，而想要彻底地去缓解这样的恐惧，需要去面对过去的创伤，去疗愈过去的创伤，通过内在心灵对话，寻找过去创伤的点，然后去面对它，接纳它，让过去的自己能够被看见，被理解和被接纳。只有这样才能更好地疗愈过去的创伤，从而面对现在的自己。因为人是有治愈的能力的，虽然过去有伤痛，但是当人充满力量和潜力的时候，他可以自我疗愈，而这种能量可以使人更理性和智慧的去面对生活。虽然小怡的原生家庭创伤并不是通过一次心理梳理就彻底疗愈，但通过这样的梳理，能够让小怡有更多力量和勇气去面对现在，对自己有更多的了解和接纳。

6. 恐惧上学的女儿

对高中生来说，青春期的叛逆在程度上比初中阶段有所减弱，而高中沉重的学业，引发更多的是压力和焦虑。家长常常以为孩子不愿上学，可能背负了太多的学业压力，所以更多的是在学业上进行引导，和老师进行沟通，通过很多方式减轻学业压力。但是我们发现，也许很多压力的背后不仅仅是学业的问题，还有来自家庭教育的问题。亲子关系和夫妻关系对孩子造成直接和重大的影响，有时候我们看到是孩子的行为问题，比如厌学、逃学、旷课等，但通过孩子行为问题的背后，是否应该反思家庭教育的问题？本案例中的高二女生晓琳，因为不愿去上学，表现出上学的恐惧，那么她到底恐惧什么？让我们一起拨开她恐惧情绪的迷雾，看看背后藏着怎样的真相。

我：你今天的状态不是特别有精神，昨晚睡得好吗？

晓琳：睡得不好，我睡不着。

我：睡眠不太好，除了昨晚，之前睡眠如何？

晓琳：我差不多有一个星期都睡不好觉。

我：是睡不着？

晓琳：不是睡不着，是我不敢睡觉。

我：你在害怕什么呢？

晓琳：我害怕一睡着就会做噩梦。

我：之前也有做过噩梦，让你特别害怕吗？

晓琳：在这一个星期之前，也有持续四五天都是做同样的噩梦，我就被吓醒了，所以我现在不太敢睡觉。

我：这个噩梦让你感到害怕和恐惧，梦到哪些内容，方便说吗？

晓琳：就是梦到鬼了，特别害怕，突然之间冒出来的，然后怎么赶都赶不走。

我：现在我仍然能够感到你的恐惧，如果让你来评估你的恐惧程度的话，0~10分，你对这样的恐惧评估是多少分？

晓琳：10分。

我：好的，闭上眼睛感受你的这份恐惧，深呼吸，放松！非常好，继续深呼吸，深深地吸气，然后慢慢地呼气，继续深呼吸放松，去慢慢感受这种恐惧在你的身体哪个部位有比较明显的不舒服？

晓琳：在胸口的位置感觉特别得堵，心跳特别得快，胸口很不舒服。

我：好的，请把你的手放在你的胸口不舒服的部位，继续深呼吸放松。把手的温暖和支持带到这个地方。用手轻轻地安抚它，让胸口感受到手的温暖。继续深呼吸放松。吸入新鲜的空气，慢慢地把你不想要的恐惧害怕都呼出去。继续闭上眼睛，现在感觉有没有舒服一些？

晓琳：现在感觉好一点。

我：好的，手继续安抚胸口。请想想，在你的过去经历当中是否也有过类似这样特别恐惧害怕的感觉，慢慢回忆下当时发生了什么？

晓琳：这样的情境挺常出现的，尤其是我爸妈吵架的时候，我就特别担心，很害怕。

我：好的，现在请在你脑海当中自然浮现出父母亲吵架的那个画面，你看着这样的画面，能看到画面中的自己大概是几岁吗？

晓琳：我10岁的时候，那时候我在房间睡觉，突然之间因为爸爸晚回家的事情，他们在吵架，吵得很凶。我在房间里面听得很真切，妈妈特别激动，一直在骂爸爸，说外面有小三，都不管我们娘俩只顾自己快活，然后爸爸也非常愤怒，动手打了妈妈。

我：对于这样的情形，你当时是什么反应？

晓琳：我非常害怕，然后就哭了。我冲出去大声地喊他们，试图制止他们，可是他们不听我的，依然在吵，而且爸爸动手打妈妈之后，妈妈更生气了，从厨房拿了一把刀出来，当时我整个人都吓傻了，愣在那里。

我：人在极端害怕恐惧的时候，会出现身体僵化反应，头脑空白。

晓琳：后来他们扭打在一块儿，最后爸爸的手还是受伤了，但不是特别严重。我不想看到他们变成这个样子。

我：你不希望父母亲关系破裂。你担心他们感情是吗？

晓琳：作为女儿，我不知道要怎么做才能让他们和好，我已经尽力地去讨好他们，尽力去帮他们去调整感情，但是我发现没有用。

我：我能感受到你的努力和无助。他们之间关系依然不太融洽，对你造成很大的影响。

晓琳：是的，我没有办法学习。在学校上课的时候，我老是会想到父母亲吵架的情形，担心有一天他们离婚了，我不想成为离异家庭的孩子，不想失去爸爸，也不想失去妈妈。

我：说到这儿，你特别伤心，继续深呼吸，放松，继续用手的温暖带到胸口，安抚它。

我：所以你不愿意上学的原因也是因为父母亲关系吗？

晓琳：嗯，我只有告诉他们我不想去上学，我害怕去上学，一方面我确实感觉状态不好，上课听不进去，学习成绩就跟不上，这样我会很焦虑，担心会让父母亲失望；另一方面如果我不去上学，就可以在家里盯着他们，一旦他们出现不好的情形，我觉得我还可以帮忙调节一下，如果我不在家的话，就不知道他们会发生什么事情，我不希望看到他们互相伤害。

我：亲爱的晓琳，在你这样的年纪承受了这样的伤痛，父母亲的关系对你造成了这么大的影响。我看到了你的不容易。你想通过自己的努力去改变，但有的时候感觉力不从心，是这样吗？

晓琳：是的，我感觉我做了那么多可是没什么效果，我真的很迷茫，很困惑，我不知道该怎么办。

我：好的，你看着头脑里浮现的父母吵架画面，此刻你想对爸爸说什么？

晓琳：爸爸，您可不可以冷静地和妈妈交流？妈妈一个人生活很辛苦，工作压力又特别大，还要兼顾我的学习，有的时候发脾气并不只是针对您一个人，可能是她心情不好，所以我希望您能够体谅她，多关心关心妈妈，不要伤妈妈的心，不要抛弃妈妈和我，抛弃这个家。

我：当你这样说完，尽量想象一下你爸爸听完会有什么反应？

晓琳：依然很生气，很愤怒。

我：你还想再说什么吗？

晓琳：爸爸，我知道您也特别辛苦，妈妈真的不理解您，我知道您为了这个家付出了很多，我知道您也很关心我，你并不是真的要抛弃我和妈妈。确实妈妈脾气不好，常惹您生气，但我知道您依然是爱我们的，只是疲惫了，厌倦了这样的争吵的日子。我理解您的不容易。

我：你想对画面中的妈妈说什么？

晓琳：妈妈，我知道您特别辛苦，工作那么忙，还要辅导我的学习，但是不管怎样，爸爸和我都爱着您，我不想看到您每天发脾气生气的样子，我好希望您和爸爸可以好好的生活。

我：妈妈什么反应？

晓琳：妈妈听完在那边哭。

我：亲爱的晓琳，你现在已经长大了，有能力去保护那个小小的自己了！你想对画面当中那个小小的自己说什么？

晓琳：爸爸妈妈这个样子让你好难过，好无助啊，但是你能做的也就这么多了。

我：画面中小小的自己听完是什么反应？

晓琳：哭了，哭得很伤心。蹲在地板上，抱着自己埋着头大声地哭。

我：你能否走过去抱着她，给她力量和温暖呢？

晓琳：可以。

我：好的，请你慢慢地走过去蹲下来抱着她。然后告诉她，"亲爱的，我在身边一直陪着你，我看到了你的无助，看到了你的伤痛。这一路走来的所有的难过和痛苦我都看到了，你所有的努力我也都看到了。"紧紧抱着她。然后再看一下那个小小的自己有什么反应？

晓琳：她还在那里哭，但是没有那么大声了，她也紧紧地抱着我。

我：亲爱的，非常好，接下来请你拉着她的手，关怀地看着她，问她是否愿意去一个她最想去的地方去换个心情放松下？

晓琳：她想去外婆家门前的小河边。

我：好的，你拉着她的手，奔向那个小河边，现在你们就站在了外婆家门前的小河边。此刻小小的自己是什么心情？

晓琳：心情好多了，没有哭了。这是小时候最喜欢玩的地方。

我：站在最喜欢的地方，请问问那个小小的自己，是否愿意把过去背负的种种的难过和不愉快的事情通通都卸载下来，然后随着小河的流水一起冲走？

晓琳：她点头同意了。

我：请你看着她，看她从头到脚、从上而下，把全身背负的所有的伤痛通通卸载下来，然后让它们随着小河流水一起冲走。

我：都卸下来了吗？

晓琳：嗯。

我：被流水冲走了吗？

晓琳：冲走了。

我：此刻小小的自己是什么反应？

晓琳：看她轻松多了，一直看着小河的远方，我能感受到她是轻松的。

我：亲爱的，你做得非常好，现在请你拍着她的肩膀，告诉她，"我一直都会陪伴在你身边，支持你，包容你，关爱你，当你需要我的时候，我会给你力量和智慧，因为现在的我有足够的力量保护你，所以你不是一个人孤孤单单地在努力，你还有我。"说完后，那个小小的自己感受到了吗？

晓琳：嗯，她拉着我的手，相信我。

我：好的，拉着她的手，给她力量和支持，你会一直陪伴在她身边。看到她释然了，你的感受如何？

晓琳：轻松了很多。

我：请你拉着她的手，看着河流。感受到彼此的放松和释然，感受彼此的信任。接下来请深呼吸，吸气，吸入你想要的智慧、力量、勇气和平静，然后慢慢地呼气，待会儿你睁开眼睛的时候，你会发现自己是充满力量、勇气和智慧的，你会感觉到平静和放松。深呼吸，非常棒！我会倒数五个数，你会慢慢地睁开眼睛，醒来之后你会感受到平静、智慧和放松。5，4，3，2，1，慢慢睁开眼睛。现在什么感受？

晓琳：很轻松。胸口也不堵了，感觉挺畅快的，内心没有那么沉重了。

我：我能感受到现在的你放松和释然。我们再回到你的问题上，你现在还在担忧上学的问题吗？

晓琳：不担忧了，本身就不是学习的问题。

我：那你现在担忧父母亲的情感问题吗？

晓琳：还是担忧，但是没有像之前的那么多了。

我：如果 0~10 分的话，原来的担忧是多少分，现在的担忧是多少分？

晓琳：原来是 9 分，现在 5 分吧。

我：为什么会这样降下来？

晓琳：我感觉那是他们大人的事情，我好像也不能做什么事情，去努力什么。也许我无法理解大人之间的感情，但是如果他们不再互相伤害的话，如果他们真的感情破裂的话，我也会接受。

我：所以只要他们不互相伤害，即使感情走到了尽头，离婚了你也会去接受和面对，对吗？

晓琳：是的，我觉得，只要他们彼此过得好就行，也没有必要勉强在一起吧。

我：好的，亲爱的，你已经能够去面对那个担忧的自己，能够放下过去的伤痛，而且我能够感受到以你现在的力量，能够去面对自己，正视自己，这需要你非常大的勇气，而你做到了。你真的很了不起！

晓琳：其实我之前是多么幼稚，还以为我努力做一些事情出来分散他们的注意力，比如不去上学就以为能够维持他们之间的感情，真的很傻。

我：亲爱的，你非常懂事和孝顺，父母有你这样的孩子，他们会慢慢感受到你对他们的爱，即使他们关系出了问题，但是相信他们依然是爱你的。

晓琳：谢谢您，现在我的心情好多了，我也知道接下来我要去上学了，觉得还是要做好我自己的事情，应该对自己负责，大人的事情就随他们去吧。

我：太棒了，能够明了自己的任务和目标，相信你，会更理智地去看待自己和家庭。未来有困惑的时候，请记得老师会一直支持你和陪伴你哦。

晓琳：谢谢您！

案例分析

案例梳理到此，我们发现真正的问题在于父母亲之间的关系困扰，所以接下来的咨询重心放在夫妻之间的亲密关系冲突矛盾化解上。对于孩子的心理梳理就到此。我们会发现孩子所表现出来的对上学的恐惧只是一个影子，而且恐惧情绪通过梦境投射出来，借助做噩梦把恐惧的情绪表露出来。而这种恐惧情绪所反映出来的恰恰是家庭当中的夫妻关系的矛盾。所以孩子的行为问题背后是家长的问题，应该如何去更好地处理自身的情感问题，尽量对孩子减少心理上的创伤和影响，这是当代家庭教育当中非常核心和关键的内容，所以如何去化解亲密关系的冲突，如何更好地去沟通，家长需要不断的持续的学习。

7. 害怕眼神交流的男生

在人际交往中，我们常常避免不了需要进行眼神交流，如果对方眼神回避或者躲闪，很容易勾起我们的思绪。本案例中的小斌，从上大学一年以来都不太愿意和别人交流，在交往中尤其害怕与别人有眼神接触，他无法正视别人的眼睛，而这眼神回避躲闪的背后，他到底经历了什么，承受了什么样的伤痛呢？让我们一起拨开小斌恐惧情绪的迷雾，探寻他恐惧背后的真相。

我：小斌你好，欢迎你今天来这里。

小斌：老师，我想要提高自己的行动力和约束力，还有自制力，对了，还有就是提高我的人际交往能力。（坐下后一直低头看自己的手）

我：在这么多方面当中，你觉得最需要或最困扰的问题是什么？

小斌：人际关系吧。

我：能具体说一说当前遇到的人际困惑是什么？

小斌：我不太敢出去见人，我不喜欢人多的地方。

我：人多的地方给你什么感觉？

小斌：很有压力，感觉大家都在看我，我不喜欢这种感觉。

我：所以你更愿意自己待着，是这样吗？

小斌：是的，我喜欢读书，但是我又很想结交一些朋友，我很矛盾，害怕孤独，可是我又害怕出去结交朋友。

我：你觉得自己很矛盾，不知道自己到底应该怎么办。

小斌：对啊，我想和我同学一样，能够在大庭广众之下讲话或者进行公众演讲。

我：听起来，你似乎很羡慕其他同学，但是你觉得自己做不到吗？

小斌：我做不到，我不敢。

我：你在害怕什么？

小斌：我害怕别人看我。

我：你害怕别人看你，是在意别人的评价吗？

小斌：对啊，别人肯定会认为，我能力不足或我很怂。

我：之前有人这样评价过你，对吗？

小斌：有很多，经常都这样子。

我：这种在乎他人评价的这种压力感给你带来的困扰强度有多大呢？如果0~10分来评估的话，你的压力感在几分？

小斌：7分。

我：好的，能数一数，从小到大，有多少人是这样评价过你的，说你不行，说你能力不足或者很怂？

小斌：这个我没认真数过。

我：好的，现在给你足够的时间，你好好捋一捋，想一想，从小到大，有多少人认为你很怂，或者认为你能力不足的，说你不行的，你把他们罗列出来，算一算有多少人？

小斌：小姨，外婆，我妈，还有一个初中同桌。

我：现在是四个人，还有吗？

小斌：（努力回忆）好像没有了。

我：你确定吗？之前你说很多人的，目前是四个人。

小斌：（傻笑了一下，很不好意思）其实也就是这四个吧。

我：所以从很多人到现在的四个人，你现在的感觉如何？

小斌：没有那么沉重了。

我：我们一起来分析这四个人到底是如何评价你的，先来说一下你小姨。

小斌：我小姨其实对我还挺好的，我要什么她都给我买，小时候经常送我玩具。

我：听起来你小姨对你很好。

小斌：是的，她确实对我很好，就是对我要求有点高。

我：怎么说呢？

小斌：她说我要好好学习，就会奖励我很多想要的东西，但是如果我没有取得好成绩的话，她就会说我怎么这么差劲，学习都搞不好，然后就有点鄙视我的感觉。

我：她这样说你的次数多吗？

小斌：感觉挺多的。

我：好的，再数一数，到底有多少次？

小斌：小升初的一次，还有初三中考，最后就是高考。其他的记不清，感觉想不起来了。

我：你小姨在乎你的人生大考，这三个阶段都是一个转折点，也就是说你小姨最终批评你的次数，你记得的也就只有三次，对吗？

小斌：确切说是的。

我：所以你说的"多次"也就是说主要是"三次"，那剩下的时间里，小姨基本上并没有说你不好，对你挺好的，可以这样理解吗？

小斌：可以，现在想来，好像小姨也没有太贬低我吧。应该是过于关心我、在乎我才批评的。

我：嗯，接下来我们来聊一聊你外婆，她是如何对你有不好的评价的？

小斌：我外婆和我小姨一样很关心我，就是很听我小姨的，我小姨说什么她就认为是什么，像我高考没考好，她就认为我不努力，不上进，不好好学习。

我：除了高考这一次，其他的还有吗？

小斌：好像就高考的时候一直唠唠叨叨地说了我好多天，其他时候也想不起来，印象中是很疼我的。

我：好的，我们具体再来捋一捋，高考之后她说你不努力不上进，一直唠叨好多天，是一直吗？一天二十四小时吗？

小斌：那不可能，就是见到我的时候。

我：那见到你多少次呢？

小斌：就我回外婆家的次数，高考完之后有三四次吧。

我：那就是说，外婆总共评价你不好的时候是三四次。所以外婆说你不好，也就是只说了你三四次不好，剩下的在你生命里那么长的时间以来，她都没有过多在你面前说你不好，对吗？

小斌：对的，我知道她也只是在关心我，在为我遗憾吧。

我：接下来我们再来聊一聊你妈。你妈是怎么对你做出负面评价的？

小斌：我感觉在我妈眼里，我就是很不争气的人。

我：你感觉得到你妈对你很不满意，对你失望？

小斌：我感觉是这样的。

我：能具体说一说都有哪些事情让她失望？

小斌：比如我起床比较迟，她就说我怎么这么不努力，这么会偷懒，我作业没有按时交，她就说我不努力、不争气之类的话。

我：除了起床和做作业之外还有哪些方面呢？我们一一把它列出来。

小斌：还有成绩，如果考得不理想，她就会生气，不满意。

我：除了起床、交作业、成绩，还有其他方面吗？

小斌：我妈主要是对我学习这一块，其他不怎么管我，对我还是比较放纵的，而且我也比较乖。

我：你妈主要在你有关学习和习惯两个方面进行了负面评价，那么在你生活大大小小一堆的事情里面，也就是除了起床和学习这一块，其他的方面她还是认可你，或者至少是没有否定你，对吗？

小斌：对。

我：我们最后来聊一聊，你的同桌，他是如何负面评价你的？

小斌：就有一次我在讲台上去做一道题，结果做错了，然后回到座位上的时候他就嘲笑我"太笨了，这个题都不会做"，所以我当时特别生气。

我：被嘲笑，被否定，确实让人很生气。除了这次之外，还有吗？

小斌：其他的记不清了，应该是没有了，但这个是印象最深刻的一次。

我：好的，小斌，接下来我们来梳理一遍。在你印象当中，你觉得困扰你的，对你进行负面评价的主要有这四个人。这四个人里面，你之前认为他们经常打击你，否定你，评价你不好。我们会发现，四个人当中小姨有三次，外婆三次，你妈三次，同桌一次。对于这个统计结果，你有什么感受？

小斌：我之前一直以为他们都经常排斥我、否定我、贬低我，现在看来好像情况也没有那么糟糕。

我：所以是你想得太过于糟糕了，总认为他们一直否定你。

小斌：是这样的，我从来没有认真地梳理过具体多少次，总觉得他们一直都这样，但现在看来，其实也还好。

我：我们现在再来评估一下，现在这种负面评价给你带来的困扰程度有多大，0~10分，现在是几分？

小斌：2分吧。

我：从原来的7分降到现在的2分，是什么原因让分数降下来的？

小斌：之前我自己想得太多了，总觉得别人好像一直都在否定我，都在给我压力，都认为我不好，现在看来也就那么几次吧，而且好像都是并没有很过分，也不是故意要针对我的，只是在关心我的一种表现吧。

我：非常棒！你能够看清楚，是自己附加的这种糟糕化在困扰你，那么现在降下来之后，感觉如何呢？

小斌：现在感觉没有那么难受了，但是我依然害怕看别人的眼睛。

我：我发现你刚才有好几次看着我说话。（虽然他在前面的对话中基本上低头看手，但偶尔有和咨询师进行眼神交流，所以给予关注和肯定。）

小斌：我说的是同学的眼睛。

我：是所有的同学都这样吗？不管男生女生，认识不认识的，都不敢看？

小斌：嗯，应该是比我能力强的，我感觉在有压力感的人面前会这样。

我：我感受到了你的自卑。

小斌：是的，我总觉得自己不够好。

我：你觉得自己哪些地方不够好？

小斌：我觉得自己应该要有很强的能力，很优秀，才可以去正视别人的眼睛。

我：我是不是可以理解为，只有优秀的人才可以看别人的眼睛讲话，对吗？不优秀的人根本就不能看别人的眼睛。

小斌：哈哈，老师，您这样一说，我觉得自己特别可笑。

我：你觉得哪个点可笑了呢？

小斌：优不优秀跟看眼睛说话这件事情，好像没有关系。

我：那跟什么有关系呢？

小斌：跟一个人的自信有关系，跟自己如何评价自己有关系。

我：所以呢？

小斌：我明白了，原来我一直以为不敢看别人眼睛，觉得自己不够优秀，现在看来，跟眼睛没有关系，真正的点在于我是否相信自己，放松自己。

我：嗯，你理解自己的困扰在于自己不够自信。

小斌：看来今后我应该要去提升自我的能力。要提升自信，我要先去努力获得成功，体会到自己是有一些能力的，不再认为自己不行。比如我学习成绩不太好，但主要是我平时不够努力吧，并不是说我真的不会学、不懂学或很笨，而是因为我花的时间很少。

我：现在看来，你明白你不相信自己的原因在于缺乏自信，主要在于你是否有足够的努力，是否愿意下定决心去认专注地做件事情，是这样吗？

小斌：对的，老师，您提醒我了，我终于知道问题到底在哪里了。我一直以为我不敢跟别人接触，害怕别人否定我，其实也就那么几个人否定我，而且我自己没有自信的点在于我觉得自己不够优秀，这和眼睛没有关系，而在于我有没有去做，有没有去真的去提升自我，我想我找到了改变的方向。

我：非常棒，看到你明朗了很多，对今后有了一些打算和想法，我感到很开心。

小斌：是的，老师，之前我很敏感，只要有一个人否定我，我就认为全天下的人都是这么认为的。现在您这样一梳理，我就会发现，其实有的时候是想得太严重了，太绝对了，太糟糕了，生活当中并没有那么多的人去关注你和否定你，而且当我去梳理、去统计的时候，才恍然大悟，原来一直都是自己设限。

我：是的，我们经常都会给自己设限，把自己困在情绪里面了。

小斌：所以今天和您这样一对话，我恍然大悟，才发现原来这一年里，我少了很多的机会和别人交流，也少了一年提升自我的时间，接下来我要尽可能去弥补，把这个时间尽量补回来。谢谢您！（眼神坚定地看着咨询师）

案例分析

通过小斌的案例进行梳理的过程，我们会发现，从最初不敢和别人接触，觉得是社交的问题，后来导致他不敢与别人正面接触的点，害怕别人的否定。而他的想法呢，过于扩大化，总认为身边的人都在否定他，经过梳理，我们进行了澄清，到具体的人数只有四个，再到具体的次数，就发现真正的困扰其实是过于扩大化和糟糕化的思维认知所引发的。当我们拨开这个害怕恐惧情绪迷雾的时候，真正摆在我们面前的是自卑，而自卑的本身是自我的设限，对自我追求完美，也对别人评价过于敏感，更重要的是，被肯定和被接纳的需求没有得到满足。当我们澄清了这个问题，就会发现真正的阳光其实一直都很灿烂。

8. 害怕上讲台的大学生

在我们生活当中不乏这样一些人，他们在人群当中能够侃侃而谈，一旦站上讲台面向公众讲话时，却磕磕巴巴，甚至没有勇气站上讲台。本案例的主人公小莲，在大学期间，学习和工作能力突出，被选为学生会主席，但是她害怕站在讲台上讲话。到底是什么让她如此顾虑和害怕呢？通过梳理小莲不敢上讲台的案例，拨开害怕情绪的迷雾，探寻背后的真正困扰。

小莲：我感觉自己对讲台有种恐惧，不敢走上去讲话，但现在我又常常要面临这样的场面，需要站在讲台上讲话，老师，请您告诉我，有什么办法可以让我不再害怕吗？

我：你害怕站在讲台上讲话。如果让你站在讲台附近，或者靠近讲台的位置，你会害怕吗？

小莲：不会。我害怕的是站在讲台上讲话。

我：就是说，除了讲台，其他地方讲话，你基本上都可以适应，是吗？

小莲：当众讲话，我就比较害怕。尤其站在台上，成为万众焦点，我就非常害怕。

我：那你现在常常需要面临上讲台的情况，你在此之前有上去过吗？

小莲：有，硬逼着自己走上去，可是因为害怕，我基本上都说不清楚，糗大了。每次都想找个地缝钻进去。

我：虽然害怕，但你还是硬着头皮上去了，我看到你的勇气和力量。你不喜欢这样的自己，你希望在讲台上也依然可以自信流畅地表达自己。

小莲：嗯。

我：你害怕站在讲台上讲话，能否具体谈一谈，你内心真正害怕的是什么？

小莲：其实我真正害怕的是自己说不好。当周围所有人的目光投向聚光灯下的我时，我就感觉自己是中心，是万众瞩目的。能够站在万众瞩目的台上的人，一定是最优秀的。但我很困扰的问题是，我并不认为自己是优秀的。所以我想要把自己最好的一面表现出来，害怕出错，但是我越担心，结果就越糟。

我：听起来，你对自己不是很有信心。

小莲：是的。我作为一名学生干部，却常常没有办法带领团队更好地做好本职工作，或者没有很好的业绩，我觉得自己能力不行，无法胜任这个岗位。

我：听起来，你对自己的能力不太认可。

小莲：嗯，我觉得我还没有达到这个水平和能力。我不相信自己可以做得好。我觉得自己还没有达到学生会主席的水平，不知道老师为什么那么信任我，在这个岗位上，我压力重重。

我：这段时间以来，你很努力想做好，但已经感受到了不少压力，对吗？

小莲：是的，压力很大，因为经常要和下面各个部门的同学开会，传达各种会议精神，安排各种活动等，我都觉得自己无法胜任。

我：在这么多工作中，哪个是最让你困扰的，觉得最无法胜任的？

小莲：不太敢当众讲话。每次都硬着头皮说，事后常常自责自己为什么没有讲清楚。

我：在还没有担任学生会主席之前，你会害怕当众讲话吗？

小莲：以前当部长的时候也要经常当众讲话，我也挺害怕的。我更看重怎么去做，而不是怎么去说。

我：还记得从什么时候开始不敢当众讲话的吗？

小莲：我记不清了。我就是觉得自己讲不好，所以都尽量避免有这样的机会。

我：在台下发言，会害怕吗？

小莲：坐在下面发言也会有些顾虑，但好像没有那么害怕。我困扰的不仅是学生干部这份工作，包括平时上课的时候，老师让我到讲台上发言，我也要鼓起很大的勇气，每次站上讲台都觉得自己快要窒息了，那种感觉特别难受和压抑。甚至我害怕的时候，感觉手脚都在发抖，我在害怕讲不好，害怕别人会因此而嘲笑和指责我，说我水平也不过如此，不配担任这个主席。

我：你害怕别人的否定，害怕自己如果表现不好，就不被他人认可和接纳。

小莲：对，如果我表现不好，他们肯定会这么说。我会觉得自己不配被老师如此信任，我并没有那么优秀。

我：你害怕公众讲话的时候会暴露你的问题和缺点，害怕自己的优秀被别人质疑，是这样吗？

小莲：是的，我确实害怕被别人质疑和否定，害怕我并没有别人眼中那么优秀。

我：好的，小莲，如果真的是这样的话，我们试想一下，如果你在当众讲话的时候出现了错误，表现得不好，然后会出现什么情形或后果？

小莲：我不知道，我不敢想。

我：我看到你的眼眶红了。是什么事情勾起了你难过的情绪？

小莲：我害怕，如果我表现不好的话，会被人指责，那种感觉特别难受，特别痛苦和无助。

我：亲爱的，我能感受到你此刻的担忧和害怕。我想，你之前的经历一定让你感到了无助和伤痛。

小莲：是的，您知道吗？从小到大，我都被我妈不断地批评和指责，她一直要我活成别人家的孩子，一直把我和邻居姐姐进行比较，她根本就不知道姐姐一直比我优秀，是因为她天生就比我底子好。她不用特别努力就可以获得很多的关注和赞美，可是我付出了很多努力，结果还是不尽如人意。我常常被我妈训斥和打骂。所以我一直要努力，逼自己成为很优秀的人，不允许被别人看不起。

我：嗯，说到这儿，你很伤心，过往的经历又触动了你，触发了你无助和难过的情绪。过去你妈妈没有看到你的付出，没有看到你的努力，没有看到你的无助。

小莲：是的，说到这儿，我就特别难受（眼泪夺眶而出）。

我：亲爱的小莲，我感受到了你的难过和伤心，想哭就痛痛快快哭出来，把之前所有的委屈、难过、伤心等统统都哭出来。

小莲：（3分钟左右情绪宣泄）我确实很久没有发泄了，我一直在忍着，现在哭出来舒服多了。

我：好的。现在想一想，当你难受的时候，通常在你身体的哪个位置比较不舒服。

小莲：肚子不舒服，应该是胃不舒服，有些反胃。

我：好的，现在请闭上眼睛深呼吸，让自己放松下来，深深地吸气，然后慢慢地呼气，再深呼吸，深深地吸气，吸入你想要的平静、支持、理解和认可，呼出你不想要的指责打骂、不尊重、否定等。做得非常好，继续深呼吸，深深地吸气，每次深呼吸都感觉自己越来越平静。然后请你把手放在胃部不舒服的位置，轻轻地安抚它，就像慈爱的妈妈安抚新生的宝宝一样。边安抚边对它说，"谢谢你，亲爱的胃，我感受到你了，我看到你了，谢谢你用这种不舒服的方式来告诉我，善意提醒我；很抱歉，是我之前忽略了你，现在我看到你了，我接纳你，我关爱你。"说完之后，现在请你静静地去感受它，感受它所带来的感觉。你发现胃的不舒服，想要告诉你什么？静静地感受。它想要向你呈现过往的一些画面，慢慢地，让画面自然地浮现，不着急，慢慢浮现，越来越清晰，越来越明亮，告诉我，你看到了什么？

小莲：小学三年级的时候，我写了一篇作文，老师认为写得非常好，所以让我在开家长会的时候站在讲台上大声念给大家听。然后，我很自信地念出来了，声音很大，在场的家长都鼓掌了，我妈却很不高兴，我当时很不理解。后来回到家之后，她就大声地指责我，说我怎么把作文写成这个样子，才用了三个成语，隔壁玲姐姐的作文是满分，你怎么不考个满分，竟然好意思站起来念，这种水平的作文念出来被大家笑死，真丢人。数落完之后，还说让我吃晚饭不许吃肉。（泪流满面）

我：此刻看着画面当中那个小小的自己，她才三年级，面对妈妈的这种指责，你感受到了什么？

小莲：很可怜，特别无助，特别伤心和难过。

我：亲爱的小莲，此刻的你已经是大学生了，已经是成年人了，有足够的力量和能力去保护那个弱小的小莲了，现在看她那么难过和无助，你想对小小的她说什么或者做什么吗？

小莲：过去安慰她，和妈妈讲道理。

我：好的，你会怎么做呢？

小莲：走过去拉着她的手，把她拉到我身后，然后大声地跟妈妈说，请你不要这样骂她，她已经很努力了，已经很优秀了，所以老师才会给她这样的机会，当着那么多人的面念自己的作文。你知道她一直都很努力的，只是你从来没有看到她为了成为你所认为的优秀的人，付出了多少的艰辛和汗水。你只知道用你的标准去衡量她，老是拿她和邻居姐姐比，有没有想过人和人之间本来就没有可比性，就好像你和别人的妈妈也没有可比性一样。

我：非常好。当你和妈妈说完，再看一看身后弱小的她，她有什么反应？

小莲：有惊讶，也有感激。

我：现在你拉着她，帮她擦干脸上的眼泪。看着她委屈和无助的样子，你想对她说什么？

小莲：告诉她，妈妈不一定都是对的。她指责你，否定你，没有看到你的努力。她只是从自己的角度去看你，她根本不理解你，根本不知道你有多努力，有多优秀，只是一味地拿你和别人比。我知道你已经非常不容易了。

我：非常好，如果可以，你愿意保护她，不再让她受委屈了，对吗？

小莲：嗯，她把我的手拉得紧紧的。

我：好，现在请你问问她是否愿意和你去一个她最想去的地方，好好地释放一下自己？

小莲：她愿意。

我：现在你想带她去哪里呢？

小莲：带她去海边。她从小没看过海，最希望能够站在海边，数着一朵朵的浪花。

我：现在请你拉着她的手，来到了你们憧憬的海边，看着一望无际的大海，看着身边溅起的一朵朵浪花，脚踩在松软的沙滩上，你看到她是什么样的神情？

小莲：开心，笑了。

我：现在请你问她是否愿意把她从小到大背负的种种不愉快，包括被妈妈数落，和别人对比，付出的努力不被看见，不被别人支持和认可，不被理解，不被接纳，不被关爱等都卸载下来，然后随着海水冲走。

小莲：她愿意。

我：很好，现在请你看着她从上到下，从头到脚，里里外外，把身上所有背负的伤痛都卸载下来，扔向大海，看着它们随着海水，飘得越来越远，越来越远。（2分钟后）卸载完了吗？

小莲：嗯，卸载完了，都被海水冲走了。

我：做得非常棒，现在请你再看看现在的她是什么样子？

小莲：特别轻松，带着纯真的笑容，特别天真可爱。

我：看着她轻松纯洁的笑脸，你的感受是什么？

小莲：很开心，很放松。

我：好的，请你拉着她的手，真诚地看着她的脸，告诉她，"我会一直陪在你身边，我会看到你的努力，看到你的付出，看到你的每一天每一秒。只要你需要我，我都会陪在你身边，我会一直保护你、呵护你、关怀你、温暖你，我会理解你、接纳你、信任你。"说完之后给她一个大大的温暖的拥抱，她有什么反应？

小莲：很幸福，很满足的样子。

我：好的，拉着她的手，看着大海，看着一朵朵的浪花，尽情地放松，尽情地欢笑，尽情地去感受这份彼此的真诚和信任。慢慢的，画面定格在你们两个欢快地在海边玩耍的画面，记住这种轻松、平静、满足、幸福和有力量的感觉，把这些感觉深深印刻在你的身体里。当我倒数5个数的时候，请你慢慢地睁开眼睛，当你睁开眼睛醒过来之后，你会感到从未有过的放松和释然。你会感受到被理解，被信任，被支持，被保护的感觉。你会觉得浑身充满了力量和平静。好的，放松，深呼吸，深深地吸气，慢慢地呼气，5、4、3、2、1，慢慢地睁开眼睛。非常好，现在感觉怎样？

小莲：爽。好轻松啊。

我：此刻的你是充满了力量和智慧、平静而坚定的你。现在我们回到最初的问题，如果现在要你站在讲台上讲话，你的感觉是什么？

小莲：我感觉没有那么害怕了。

我：为什么没那么害怕了呢？

小莲：我感觉现在好像比较有底气了，你看我现在坐得挺直的，后背都直直的，感觉腰杆挺起来了，正像您所说的，我现在是有力量的人，我觉得讲话就是把自己想要说的表达出来就好，仅此而已。

我：非常棒，现在如果还要当众讲话，如果讲得不够好，怎么办？

小莲：我想，其实没有好和不好的问题，讲不好也不是都不好，总有好的一部分内容，不能全部否定啊。

我：那如果别人说你不够优秀，怎么办？

小莲：别人觉得你没有那么优秀，那就让他们说吧，优秀不优秀，只有自己知道，和别人无关。优秀并不是别人说的，别人说你优秀，你就一定优秀吗？别人说你不优秀，你难道就真的不优秀了，所以我现在会觉得优不优秀，重点不在于别人，而在于自己是如何去评价的。

我：分析得非常透彻，你对自己有更多的了解了。所以优不优秀并不是别人去评价的。

小莲：对，之前我害怕讲台上讲不好，然后总担心别人会怎么想，会怎么认为，会怎么去比较，现在觉得让他们去说吧，大不了就说我不好，不优秀，不适合当主席等，那又怎样，自己尽力就可以了。

我：看到你现在能够很有力量地去面对，很从容地说出这些话，我相信此刻的你也一定有勇气去面对今后遇到的这些困扰。

小莲：我想是我之前顾虑太多了，现在其实问题很简单，想什么就去做什么，而不是瞻前顾后顾虑太多别人的感受。其实是我之前太忽略了自己，我想大学即将毕业，我不想留有太多的遗憾，不想活在别人的眼中，我想活出真实的自己，我是什么样的人就是这个样子，你怎么看我，那是你的事情。

我：是的，人的一生只有自己可以陪着自己一辈子，只有真正关爱自己，你才会有被关爱和有力量的感觉。很高兴能够看到你找回了那个平静而有勇气的自己。

案例分析

通过以上对小莲的问题梳理，我们发现，最初她非常害怕在公众面前讲话，来源于对自己的不自信，而这种不自信在于对结果的过分担心。

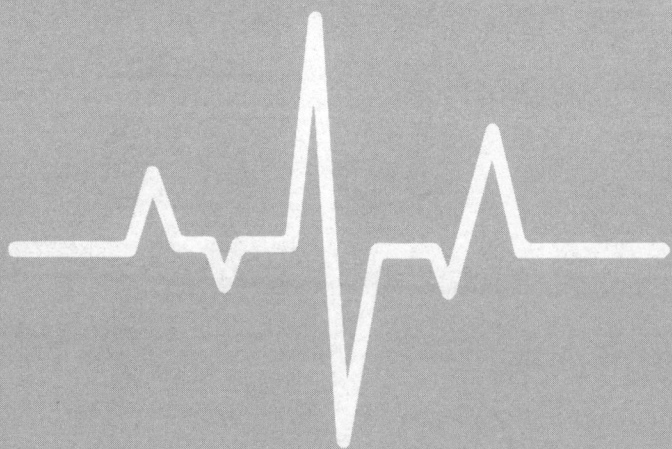

第二篇

拨开焦虑的迷雾

1. 二胎的困扰

我们常常因为对未来有太多的担忧和不确定，而为自己编织了一个又一个恐怖片，进而心生恐惧，对生活造成不少的困扰，比如吃不下，睡不着，无法好好工作。本案例的主人公阿琳，在是否决定要二胎的问题上，瞻前顾后，处在焦虑当中，不知道该如何选择。到底是什么让她产生那么多的困扰，产生那么大的焦虑？让我们一起来拨开阿琳焦虑情绪的迷雾，探寻情绪背后的真相。

阿琳：我最近吃不下睡不好，对孩子也没有耐心，我不知道自己应该如何去调整。

我：能具体说一说因为什么事情引发你这样的吗？

阿琳：三年前我怀二胎因为意外流产了，现在过了这么久，我觉得应该要二胎了，不然年纪越大，就越难。可是看到身边这么多生了二胎的家庭，过得那么辛苦，我不知道自己是否可以应付得来，而且抚养孩子需要一大笔费用，以我们夫妻的工资，感觉经济负担特别重。

我：所以你担心未来经济方面，以及照顾孩子精力方面可能无法顾及。

阿琳：对，但我又很渴望给我的孩子加一个伴，多一个弟弟或妹妹，我也会比较不留遗憾。到时我们老两口走了以后，还有亲人在他身边，他们能够相互陪伴和帮助。

我：所以你很矛盾，导致你吃不下，睡不好？

阿琳：对，我不知道到底应该如何选择。一方面自己好像经济和精力都有些吃力，让我害怕；另一方面我又特别想给孩子生个弟弟或妹妹陪伴他。

我：对于这件事情，你爱人有什么看法呢？跟你爱人商量了吗？

阿琳：他尊重我的决定。他说毕竟最后所有的辛苦主要是在我身上，他选择尊重我。

我：所以最终还是由你来做这个决定。因为顾虑太多，所以你迟迟无法决定？

阿琳：对。我不知道怎样去调整。

我：你觉得你这种焦虑强度有多大？如果0~10分来评估的话，0分代表不焦虑，10分是巨大焦虑，你觉得自己达到几分？

阿琳：8分。

我：好的，接下来我们一起来梳理和探讨。首先请放松身体，闭上眼睛，深呼吸三次，让身体慢慢放松下来，然后扫描下全身，去感受这种焦虑在你身体的哪个位置是比较不舒服的？

阿琳：头有点疼，头绷得很紧。

我：好的，请你把手放在头部不舒服的位置，轻轻地安抚它，就像慈爱的妈妈温柔地去安抚新生的小宝宝一样，轻柔而慈爱。把手上的温暖和关怀带到头部，让头部感受到这种爱和关怀。继续深呼吸，深深地吸气，吸入你想要的平静、智慧和力量，然后把这些烦躁和焦虑、担忧等通通都呼出去。现在有没有感觉头部舒服一些？

阿琳：好一些。

我：好的，现在请你在头脑当中去想象一下你所焦虑的画面是什么样的？就是当你已经生二胎之后，你看到的画面是什么？

阿琳：我看到小宝宝在我怀抱里面哇哇地哭，然后我又要照顾他，给他换纸尿裤，然后要喂奶，同时，又要照顾大宝，因为大宝在旁边也一直哭，抱怨我没有陪他玩，只顾小弟弟，说我偏心，又在那边闹，乱扔玩具，然后家里一堆的琐事要去做，地板脏乱，要搞卫生，还要煮饭，晚上又休息不好，晚上起来很多次，非常疲惫，非常累。

我：好的，从这个画面，能够感受到身心疲惫，看着画面当中的自己，你想对她说什么？

阿琳：你看吧，生了二胎，生活就过成这样难堪，人也像个黄脸婆，生活一地鸡毛，都是你自己的选择。所以你就应该去面对和承担。没有什么好抱怨喊累的。

我：当你说完，画面中是自己什么反应？

阿琳：难受和委屈，伤心地哭了。

我：原本生活已经这么艰难了，还被指责和否定，此刻她一定特别的难过和无助，此刻她特别想要的是什么？

阿琳：需要有人搭把手帮她，需要有人支持她和关心她。

我：亲爱的阿琳，此刻当你在看这个画面的时候，请记住，现在的你是充满了力量、智慧和理性的你，此刻你想对她说什么或做什么？

阿琳：我会提醒她，两个孩子在闹，不要着急。你看，小宝宝哇哇哭，应该是要喝奶了，你给他奶就好了，去安抚他，把宝宝抱起来喂奶。另外，对于大宝贝的话，就是喂完奶，也去抱一抱他。然后告诉他，小弟弟长大了，能够陪在你身边，和你一起玩游戏，你有一个伴。妈妈一直都非常爱你，所以给你了生个弟弟，只是想陪陪你，和一起玩，这样你就不会那么孤单了。就是和大宝解释清楚。

我：一方面安抚小宝，另一方面安抚大宝，你觉得她自己可以做到吗？

阿琳：应该可以吧。小宝宝哭其实很正常，每个小孩都会哭，大宝有这种想法也很正常，毕竟之前妈妈一直都关注他，现在感觉更关注小的，感受不到那么多的爱，觉得妈妈被人抢走了，确实会难过。

我：所以你很理解大宝的行为，因此你知道该怎么做，对吗？

阿琳：是的，小宝生出来之后，其实对于大宝，我依然要花更多的心思去安抚他，陪伴他，我不想让他感受到妈妈不爱他了，所以我会时时提醒自己多花一些心思陪着大宝。

我：所以对于照顾两个小孩这点来看，你觉得自己一定程度能够应付得来，对吗？

阿琳：这方面，感觉自己多些耐心和爱，应该不是特别大的困扰了。

我：好的，继续深呼吸。你刚才说的晚上要起来好多次，这个你觉得自己会如何处理？

阿琳：小宝晚上肯定要哭闹好几次，喂奶、换纸尿裤等，我想这是所有的妈妈都要经历的，我觉得这种情况应该也就持续一年左右的时间，辛苦一年，后面就好了。

我：所以只要辛苦这一年，后面就好了，想到这儿，有没有轻松一些？

阿琳：有，主要辛苦这一年，感觉自己还是能够接受的。

我：好，我们再来探讨经济方面，一起来看一下二胎生出来之后你会面临什么样的情况？

阿琳：因为没钱，所以日子过得不太好，比如大宝的学费、培训费，小宝各种生活用品费、保姆费等，压力特别大。

我：嗯，二胎之后，大的依然要花钱，小的也要花钱，还有保姆费，你觉得这总共要花费多少钱？之前有算过吗？

阿琳：从来没有好好算过，就是觉得要花很多钱。

我：那我们就来具体算一算到底要花多少钱，把具体的数目算出来。

阿琳：学费、培训费、然后一家子的生活费、请起一个保姆的费用，至少一万八。

我：这笔数目对你们家来说，觉得能够承担吗？

阿琳：压力很大，但是如果不请保姆的话，对了，可以换成我妈妈来带孩子。我妈妈现在在老家也没有事情，那就是保姆费可以节省下来。

我：有老人带孩子的话，也会更放心一些。

阿琳：对，这样算下来的话，一个月差不多要七八千块钱。

我：这样的支出，以你们两个人的收入，能承受吗？

阿琳：我生孩子产假那一年除了基本工资，肯定是没有什么收入的，所以就主要靠我老公的工资，我老公一个月基本的工资是1万块左右。偶尔还有奖金，这样算的话是刚好够用。

我：况且你产假之后继续上班，你们的经济收入会越来越多。所以现在看来，你觉得经济压力能承受吗？

阿琳：现在算一算，觉得可以承担，并没有之前我想象得需要那么多钱。日子还是可以过得去的。

我：面对生二胎，面对两个娃的艰辛，面对经济压力，现在的感受如何？

阿琳：现在感觉轻松了。

我：看到你舒了一口气，笑了起来，我能感受到你的压力减轻了，现在如果继续让你来评估二胎焦虑的话，0~10分，现在是几分？

阿琳：3~4分吧，基本上不焦虑了，无非就是怎么样更好地花费时间和精力下去而已。

我：从8分降到3分。你觉得自己是如何降下来的？

阿琳：我之前焦虑，就整个头闷的，然后头绷得很紧，很难受，然后想象的就是一堆琐事，然后夜里喂奶，画面非常杂乱，各种的难堪和压力袭来，觉得自己手忙脚乱的，日子真的是过得一地鸡毛，到处都是乱糟糟的，两个孩子又特别闹腾，又没有足够的钱，所以整个脑袋非常疼，非常乱，这不是我想要的生活。现在通过梳理，我发现如果是一个画面、一个画面的呈现，其实这些困难，并没有之前我想得那么糟糕。当把困难一个一个拿出来去面对和解决的时候，我发现，原来我有能力去面对，我有能力去解决。虽然之前担心钱，但是具体算下来，生活还是勉强过得去的，至少一家子的生活支出和小宝宝的各种费用，以目前家里的经济水平，感觉都能够负担，只是没有像生二胎之前那么宽裕而已，但是未来会越来越好，所以我有信心。当我这样想，我就觉得好像也没什么焦虑了，要生就赶紧生吧，趁着年轻还有时间和精力。

我：哈哈，看到你现在已经比较有信心去面对生二胎这件事了。

阿琳：对，之前是我的想法太多，胡思乱想，都没有具体落实到每一个困扰我的问题上，当我现在一个一个去呈现和面对的时候，发现其实也没有自己想象的那么难，原来更多的都是自己的想象，自己吓自己而已。

我：你总结得非常好，每个人都很容易对自己的未来过于担忧和害怕，总觉得这个不行，那也不好，但是当我们一个一个去击破、去面对的时候会发现，原来这都是自己想象出来的，现实没有那么严重和糟糕，因此理清楚这些，你就不再感到那么焦虑，那么你就能够更好、更理性客观地去面对现在和将来。

阿琳：嗯，今天我收获非常大，至少我今天晚上应该可以睡个好觉了。

我：哈哈，看你黑眼圈有点重，待会好好回去补个觉，让自己好好休息。

阿琳：谢谢您。

案例分析

通过以上对阿琳的案例进行梳理，我们会发现，真正困扰她的是在头脑当中过于杂乱和扩大化地呈现出非常琐碎而且没有目标的生活，就像自己给自己编织了一部又一部的恐怖片。当我们一个一个去澄清和具体化，她会发现，这都是自己构造出来的，而真实的生活并没有那么糟糕和严重，困难并没有想象中那么大，那么通过对比之后，困难度减少了，就更能够去面对和解决它们，也就是多了更多的安全感和确定感。那么她的安全感和确定感的需求被满足，情绪就自然得到缓解。所以本案例中因为二胎而焦虑的阿琳，其实真正困扰她的是对未来生活的不安全感和不确定感，只要提升她的安全感和确定感，满足她的这些需求，那么情绪问题就迎刃而解。所以拨开焦虑情绪的迷雾，看到的是不安全感的困扰。

2. 焦虑了，我的高三

而对于高中生来说，高三是一段必经的、艰辛而又紧张充实的生活，对于高三，孩子感受到身心巨大的焦虑，因为他们要面对升学的考试压力，面对是否能够考上理想大学的不确定性，面对同样焦虑而不停催促学习的父母，他们真的会疲惫。他们在努力，经历失败，经历成功，经历悔恨和挫折，也经历成功和喜悦。本案例中的少年小锋，面对高三的生活，他感到无所适从，压力重重，他不知道如何度过这一年，不知道对于未来自己会是怎么样的生活。他焦虑、惶恐和无助，是什么导致小锋的焦虑？是表面上所看到的考试焦虑？焦虑背后到底是什么在困扰着他继续前行？拨开小锋焦虑情绪的迷雾，让我们一起探寻其背后的真相。

小锋：我高三了，已经过了一个月了，这一个月的高三生活让我很焦虑，感觉无所适从，甚至想休学回家。

我：我能够感受到你这一个月以来过得不太满意，你觉得困扰你的主要是什么呢？

小锋：学习压力非常大，身边的同学朋友都比我厉害，我感觉自己是最差的。所以很焦虑。

我：学业上的压力，让你很有挫败感，对吗？

小锋：我知道自己的基础比较差，但是自从上了高三，我发现所有人都非常努力，而我不知道这么努力到底是为了什么。

我：你有些茫然，不知道未来努力的方向和目标，是这样吗？

小锋：是的，这么努力就是为了高考考个好成绩吗？我对自己没有信心，所以很焦虑。

我：这种焦虑如果 0~10 分来评估的话，0 分表示不焦虑，10 分表示极其焦虑，你觉得自己焦虑达到几分？

小锋：8 分。

我：你觉得自己考不上好的大学？

小锋：按照目前的水平来看，我没有把握。

我：你认为通过自己努力，也依然达不到自己的目标吗？

小锋：可以达到我的目标，但不是他的目标。

我：你说的他是指谁？

小锋：我爸爸。

我：听起来，他给你设置了一个你达不到的目标。

小锋：对呀，他就一直在给我施加压力，非要让我进重点班。他明明知道我的水平和能力根本进不了这个班，结果你看吧，在这个班里我根本融入不了。

我：对于你爸爸的这个安排，你不是很满意。

小锋：我很不满意，我不喜欢在这样高强度、高压力的环境里面学习。

我：你之前的环境是怎么样的呢？

小锋：在我以前班里面还有很多的好朋友，大家学习之余，还一起打球一起玩游戏，还可以相互嬉戏打闹，但是在这个班里面，所有人都在奋笔疾书，所有人都没有业余的时间，我不喜欢这样的生活。

我：现在的环境让你感到压抑。

小锋：很压抑，每天除了学习就是学习，没有任何的娱乐和放松。

我：所以你感受到这种压力感让你很不适应。

小锋：对，我不喜欢。

我：主要是对这种环境的不喜欢，还有其他方面吗？

小锋：一个是环境压力很难受，我不喜欢待在这儿；另外一方面我达不到他的要求，我不知道怎么办。

我：你爸爸给你设的要求是什么？

小锋：让我考上 211。我感觉自己做不到，只能考上普通的本科院校。

我：所以你感到无助和焦虑。

小锋：对呀，我做不到，我怎么办？

我：有和你父亲沟通过吗？

小锋：根本就没有办法沟通。

我：你觉得他是一个无法沟通、不讲道理的人？

小锋：何止不讲道理，他非常固执，而且一直在约束我，从小到大，只要我想要的东西，我都很难得到，因为他只会说一句"拿成绩来换"。

我：从小到大，你想要的都需要通过成绩来换，这是你爸爸对待你的方式？

小锋：对呀，比如说我想要一个玩具，他非要让我拿成绩来换，要考第一名，如果我最后只考了第二名或第三名，那我就得不到那个玩具，但我已经很努力了。

我：我能感受到你其实已经尽力了，只是没有达到他的要求。

小锋：对呀，哪有这样不讲道理的人，可是没办法，他就这么固执，所以这一次高考如果考不好，那他也不会给我想要的。

我：嗯，我很好奇，通过高考，你想要什么呢？

小锋：我想要买一辆摩托车，超帅的那一种，那款比较贵，要一万多块，所以我只能靠我爸赞助。

我：结果他就通过成绩的方式来给你施加压力。

小锋：对呀，如果考不上 211，那这个愿望就泡汤了。

我：好的，小锋，如果真的没有考上你爸爸所要求的高校，你觉得会有什么后果？

小锋：没想过。

我：好，那么我们一起来探讨一下。闭上眼睛深呼吸，让自己尽量放松下来。现在请你尽可能地去想象一个画面，就是你高考成绩不理想，没有达到你父亲要求之后的画面，你看到了什么？

小锋：他很生气地数落我，骂我不成器，说我别想买摩托车。

我：你爸爸说完之后呢？

小锋：我没理他，甩门走了。

我：之后你看到了什么？

小锋：没摩托车就没摩托车吧，没买就没买呗，难道我还靠你一辈子吗？

我：所以你会有什么举动？

小锋：不是有暑假么，暑假两个月我可以出去打工，可以出去做服务生，一天赚几十元，或一百元，两个月下来，我也能攒五六千元。

我：嗯，你发现可以通过自己努力去赚钱。

小锋：对，我可以自己赚钱，但是这六千元不够的话，我可以找我小姑借。

我：小姑愿意借给你吗？

小锋：小姑对我很好的，她知道我爸对我管得很严，平时都私底下给我零花钱，而且她之前也有说，有需要花钱的地方找她，她生活比较富裕，不缺钱，所以借个几千块钱是没有问题的。

我：所以你有信心在暑假通过自己的努力赚钱，以及通过向小姑借钱来满足你买摩托车的愿望。

小锋：对，凑出一万块钱没有问题，这样我就可以买摩托车了。

我：所以即使不通过你爸爸的这条路径，你依然还有其他方式来达成你的愿望，是吗？

小锋：哈哈，对呀，我怎么之前没有想到这个方法。

我：好的，对于高考，最坏的结果，就是考不上你爸爸设定的目标，但是你依然有大学上，而且你依然可以实现你买车的愿望，对吗？

小锋：对，大学我肯定能上，只不过是不是211就不一定了，但是对于我梦寐以求的摩托车，我现在觉得有信心可以拿下它。

我：好的，我们再来澄清另外一个问题，就是高三的这个班级，你感觉融入不进去。

小锋：是的，我不喜欢这样的环境。

我：你想要比较轻松的学习环境，那么接下来一起探索和梳理。现在请你在头脑当中尽力去浮现这个班级的画面，你会看到自己此刻就坐在教室里面，"他"是什么样的感受？

小锋：他很无奈地坐在教室里看着黑板发呆，很不开心。其他同学背书的背书，做作业的做作业，连下课都不出教室，感觉特别压抑。

我：面对压抑的环境，你觉得画面中的自己能够做什么？

小锋：除了发呆，还是发呆。

我：看到他这样，此刻的你可以和他说什么，或者给他什么建议呢？

小锋：我会说"别傻了，别人努力就让他去努力好了，你的生活是自己的，你可以过你想要的生活，可以去其他教室找同学玩"。

我：你把建议告诉他，看他是否愿意走出去和其他的人玩？

小锋：他走出去了，然后到另外一个班级，找到他的两个死党，在那边有说有笑地聊天呢。

我：看到这儿，你想对他说什么？

小锋：既然不喜欢那个班级的学习氛围，感觉太压抑的话，那就走出来呀，可以找其他人玩，不一定非要像那个班级的同学一样拼命读书。

我：所以我们可以选择换一种方式，让自己的情绪得到缓解，对吗？

小锋：对啊，自己不一定非要适应这个环境，或者非要待在这个教室里面，我下课是可以出去的，我可以找其他朋友玩，我干嘛非傻傻地在这里待着呢，太傻了。

我：所以想象一下，在这样的环境里面很压抑，但是你愿意走出去，去找你最要好的同学朋友玩，你的感觉是什么？

小锋：感觉之前的自己很傻，现在感觉还好，每次下课之后我可以去找关系比较要好的同学玩。

我：所以即使在这样的环境里面，你依然有办法让自己过得开心快乐一些，对吗？

小锋：对。之前太排斥了，没有想到自己可以主动地去调整，现在想来其实自己太傻了。

我：所以想到这儿，你的感受是什么？

小锋：高三也就那样吧，该学习学习，该放松放松，我有自己的想法和主见，所以我的未来我自己决定，考不好又能怎样？至少我可以努力争取我想要的，不一定非要靠我爸。现在想想，我已经长大了，我还是要靠自己的努力去获得想要的东西，我不想再靠他了，不想再被他捆绑了。

我：你能够这样去分析自己的问题，我感受到你的力量和改变。

小锋：对，我现在没那么压抑和焦虑了，其实也没什么，反正接下来就继续学习。

我：好的，现在你的焦虑水平，0~10分的话，评估是多少分？

小锋：4分。

我：这4分的焦虑是什么？

小锋：就是我感觉一些学科的基础比较薄弱，所以还是有些不够自信，虽然我知道能考上大学，但还是想考好一点。而有一些基础知识，还要努力地去弥补，请教其他同学，所以这一块的焦虑主要是知识基础。

我：好，当下理清楚了你的焦虑，你觉得当前还有什么困扰你的呢？

小锋：就是我爸的问题。我很反感他，虽然他是我爸。我知道他也关心我，可是他每次这么压制我，每次都要我拿成绩来跟他交换的那副嘴脸，想起来我就很厌恶。

我：你对父亲对待你的方式很不满意，从小到大他都是这么对待你的吗？

小锋：我记事起，他最常说的一句话就是你想要什么我会给，但是你要拿成绩来换，好像我和他之间就只剩下成绩交易。

我：听起来你父亲有点不近人情。

小锋：对呀，我很羡慕其他同学的爸爸，都很宽容，或者对他们都很好，需要什么都会给。为什么我的爸爸就不是这个样子？

我：所以你对他用成绩来要挟你这件事情，感到非常不满意。

小锋：他很固执、很强势、很倔强，但主要还是拿成绩来换的眼神和口气，我非常反感。

我：我能感受到你的一丝愤怒。

小锋：对，想起来我就很生气。

我：好，接下来我们一起来捋一捋这件事情，请闭上眼睛，去感受你身体里面对这种愤怒时，在你心里当中的哪个位置比较明显的不舒服？

小锋：不太明显，可能胸口有些堵。

我：好的，把你的手放在胸口不舒服的位置，轻轻地安抚它，就像大人安抚小孩一样温柔而关怀，然后继续深呼吸放松。尽可能让胸口放松。去感受这种愤怒，它会浮现过往的这种情绪画面，慢慢地，请你仔细地、耐心地看看，你会看到什么画面？

小锋：看到了我爸那一副高高在上的霸道的嘴脸。

我：在画面当中还看到了什么？

小锋：看到自己站在父亲面前很委屈。我爸很大声地说拿成绩来换，一副高高在上、趾高气扬的样子，我就看不惯。

我：此刻画面当中的自己无助而愤怒，此刻自己想对爸爸说什么？

小锋：我不敢说。

我：你害怕说出来会有什么后果吗？

小锋：我说了之后我爸爸会生气，后果会很严重。

我：严重的后果是什么，打你吗？

小锋：不是，他不会给我零花钱了。

我：你担心没有零花钱会怎样？

小锋：那我就没有办法买吃的，没有办法和其他同学一起出去玩。

我：所以如果没有零花钱，没有办法和同学出去玩，你会怎样？

小锋：难过，挺没面子的，尤其是同学邀我出去一起吃饭的时候很没面子。

我：那么之后会怎样？

小锋：就不去了，自己一个人在教室。

我：自己在教室，会感受到一些孤独，对吗？

小锋：嗯。

我：你觉得自己之后会怎样？

小锋：还是很想去。

我：那有什么办法解决呢？

小锋：跟同学解释清楚，跟他们说我爸没给我钱，所以很遗憾不能一起去。

我：你会跟同学解释清楚，你觉得同学会有什么反应？

小锋：我同学会理解我，然后可能会带我一起出去。

我：所以最终你还是和同学一起了。

小锋：对啊，现在想起来，即使偶尔没有钱，应该也没啥太大问题，大不了我不和他们一起去，或者我可以找其他家人要钱。

我：所以你爸不给你零花钱，最坏的结果就是没办法经常和同学一起出去玩。而且你还有其他办法要到钱，对吗？

小锋：对，这样想想，其实我爸就算不给我钱那又怎样，我依然可以好好的。

我：好的，再回到这个画面当中，你爸爸一副高高在上的样子，不给你零花钱，此刻你鼓起勇气想对他说什么。

小锋：你不给我钱就算了，但是我依然有办法得到我自己想要的。

我：想象一下，说完之后你爸会有什么反应？

小锋：我爸不相信。

我：你觉得你爸不给你零花钱的原因是什么？

小锋：他就是怕我乱花钱，怕我不好好读书。

我：对于他的担心，你的感受呢？

小锋：有钱就不能安心读书吗？我对他真的很无语。

我：好，想象此刻你现在就可以跟你爸解释清楚，把你的想法和感受说出来。

小锋：不管你有没有给我钱，我依然会努力学习，因为我知道学习是我自己的事情，和钱没有关系，你想错了。

我：你爸听完是什么反应？

小锋：他估计会有些吃惊，不太相信我。

我：接下来你会做什么？

小锋：我不太想过多跟他交流，因为他很固执，所以没办法通过我几句话就能够改变他什么。

我：你知道你爸只是出于担心而这么对你，对吗？

小锋：嗯。

我：请你想一想，他为什么会担心你？是出于什么原因而要去担心你？

小锋：他就是希望我成才，为了他面子，当然也是为我好，这个我知道。他其实还是在乎我的，因为好几次他和妈讲话的时候，我有听到。我能感受到他其实很在乎我，只是碍于面子，只是作为父亲的角色，他觉得需要这么严厉地去管教，需要通过成绩来交换，觉得只有通过这种方式才能让我好好学习。

我：所以你能感到父亲对你的爱和关怀。

小锋：这个我是知道的，所以我只是很不满他用这副嘴脸和这种语气对待我。

我：除了表情和语气之外，其他方面，你对他还是比较认可的，是吗？

小锋：嗯，还行。

我：因此当你这样去思考的时候，你爸其实也没有你想得那么反感，对吗？

小锋：嗯，我也不是真的要那么讨厌他。

我：好，现在回过头，从你的困惑当中，我们梳理了三个方面，一个是高三班级环境，一个是高考之后的结果，还有一个就是你跟爸爸的关系，对于这三方面，你现在的感受如何？

小锋：现在想一想，其实好像也没有那么痛苦焦虑吧，反正最坏的结果也就那样，还能接受。感觉主要的问题是我怎么做吧。

我：进行到这儿，看到你轻松了不少，我感受到你的力量，感受到你的释放和平静，对自己有更多的了解，你真的很了不起！

案例分析

对以上小峰的焦虑案例的梳理，我们发现，高三学习紧张的强度会给他造成很大的压力，但是更多的压力来源于他达不到父亲的要求，得不到自己想要的东西，所以当自己的需求没有被满足的时候，紧张焦虑和压抑的情绪就出现了。因此通过案例的梳理，我们再一次澄清，这种焦虑背后是不被父亲理解和接纳，来源于父亲过高的要求，还有对达不到要求的不安全感。所以原生家庭的创伤对一个人的成长有很大影响。本案例还需要进一步地去深入梳理原生家庭的关系和创伤，所以不会一次梳理就能够解决他和父亲之间的关系，但是从当前学习的角度而言，帮助他理清了焦虑的来源，建立了去面对的信心和勇气。所以高考焦虑的背后是过高的要求和亲子关系的创伤。

3. 我是不是病了?

本案例中的主人公小晴是一名初二的学生，因为一次意外经历被同学嘲笑，从那以后就一直担心自己会再一次遇到同样的事情，从而强迫自己不要再去回想，觉得这是非常可耻的事情，但是，头脑里面经常想起这个画面，控制不住地想，所以异常焦虑，导致无法专心学习，成绩一落千丈。从表面上看，小晴的焦虑来源于害怕再一次被同学嘲笑，应该如何调整她的焦虑？而焦虑情绪的背后，又是什么阻碍了她？通过本案例的梳理，让我们走进这位少女的内心世界，真正去了解她焦虑背后的根源。

小晴：请您快点帮帮我，我觉得自己病了。

我：你觉得自己生病了，是哪里不舒服让你觉得自己生病了呢？

小晴：我控制不住自己的想法。我觉得可能是大脑生病了。

我：你想控制的想法是指什么？

小晴：我怕自己掀衣服。

我：你很担心这个行为的后果，是吗？

小晴：嗯，会很丢脸，所有人都会笑我。

我：之前有过这个举动吗？

小晴：有过一次，是无意的。

我：能和我说一说当时什么情况吗？

小晴：两个月前，学校考试之前，当时我在复习，突然风特别大，我穿的是雪纺衫，被风吹起来了，好多同学都看到了，尤其是我后面的男同学，我听到他们笑了一下。

我：所以你当时觉得很难堪。

小晴：特别难堪，想找个地缝钻进去，觉得被差辱了一样。

我：一次意外的经历，衣服被吹起来，这个经历让你非常难堪，所以你害怕再发生类似事情，是这样吗？

小晴：对，从那以后我就经常提醒自己千万不要再出现这种情况了，时时提醒自己，可是越提醒就越想，我不知道自己是不是有病。

我：你提醒自己是为了不再出现这种难堪的画面，结果发现失控了。

小晴：对，我控制不了我自己了，我现在很奇怪，只要在学校里面，我就会去想，然后一直控制自己，千万不要掀衣服，千万不要掀衣服。

我：对于这种害怕掀衣服的这种焦虑，如果0~10分来评估的话，你觉得自己当前的困扰是多少分？

小晴：10分，太焦虑了。

我：只有在学校里面才会有这种想法，是吗？

小晴：从这个星期开始，回到家也会有这种想法，尤其是和家人一起出去散步的时候，或者只要走出家门的时候，我都会有这些想法。

我：可以理解为只要有进入公众场合，都会有这种想法吗？

小晴：是的，我也不知道为什么，一旦有这种想法，我就极力克制自己，可是越克制就越容易出现这个想法。

我：我能感受到你的着急和无助，你很想努力去调整，但发现效果不好。

小晴：根本就没有效果，而且越来越严重。

我：为什么说越来越严重呢？

小晴：之前一天可能想个三四次，但是我发现这一个星期以来，想的次数特别频繁，基本上都没有办法认真听讲，也没法认真完成作业了。

我：大概多少时间想一次？

小晴：很频繁，一天大概有十多次。

我：认真回忆一下，通常是在什么情况下很容易出现这种想法？

小晴：上课的时候会想，尤其是听不懂的时候就容易想，还有就是走出家门，在公众场合的时候就很容易想。

我：你自己所做的努力就是极力去克制，还做了什么来改变？

小晴：就是尽力去克制它，然后暗示自己不要想，千万不要想，我能想到的就是这个办法。

我：通过你的实践来看，目前这个办法并不奏效，能够感受到你的焦虑和无助。现在我们共同来探讨和梳理。此刻放松下你的身体，请闭上眼睛做深呼吸五次，深深地吸气，再慢慢地呼气……非常好，继续深呼吸，深深地吸气，吸入你想要的平静和放松，然后慢慢地呼气。静静地去感受你的这种焦虑和无助感，在你身体的哪个位置比较不舒服？

小晴：感觉右手的手掌有点麻。

我：好的，感受到手掌的麻木，请用左手去安抚它。让另外一只手的温暖带给它。想象把自己全身的爱和温暖带到你的手掌上，让你的手掌感受到被关怀和温暖，让它慢慢地放松，感到舒服。

我：现在请在头脑中出现掀衣服的想法，当这个想法出现后，不要去阻止它，任由它在大脑中来来去去。

小晴：真的不去阻止它吗？真的不要克制自己，让它自由出现吗？

我：对的，现在是想象的画面，所以你是安全的。请你不用去克制它，让这种思绪随风而来，任其发展。请允许它出现，允许它自由来去，去观察它，接纳它，允许它。

小晴：可是我怕我会冲动做这个行为。

我：那就去接受这个冲动的想法，去允许这种害怕和担心的情绪。告诉它，亲爱的害怕和焦虑，我允许你们出现，我要谢谢你们的出现来提醒我此刻的状态。我知道你们是为了提醒我和帮助我，我也要和你们说声抱歉，对不起，是我之前忽略了你们，压制了你们，现在我看到你们了，我关注到你们了！当你这样说完之后，体会下这些情绪有没有减弱？

小晴：嗯，确实感觉自己平静多了，很神奇。当我真的允许和关注它们时，它们反而没有之前那么强烈地困扰我了。

我：是的，所有的情绪都是善意的，去接纳它们，允许它们。

小晴：嗯，我明白了。对了，我一直担心自己有一天控制不住，当众掀衣服了，怎么办？

我：现在，在你脑海中去构建一个画面，就是你很冲动，然后掀了衣服。注视着这个画面中的自己，慢慢地掀衣服，动作非常缓慢，一点一点地把它掀起来，你能够想象到这个画面吗？

小晴：我看到画面中的自己不敢，很紧张很焦虑，到处打量周围的人，手紧紧地抓着衣角，依然没有掀起来。

我：好的，放松，你告诉画面中的自己，深呼吸，放松，你想要对画面中的自己说什么？

小晴：告诉她不可以掀衣服。

我：想象一下，当你说完这句话，画面中的她有什么反应？

小晴：还是很紧张、很难受，极力在克制。

我：所以你告诉她去克制，对她并不起作用。现在请记住，此刻的你是充满爱的，是平静和有力量的你，当看到她那么无助和焦虑，你觉得她需要什么，你想做什么？

小晴：她好可怜哦，她希望有个人可以帮帮她。

我：所以你可以走过去给她支持和力量吗？

小晴：走过去拍拍她的肩膀，告诉她，一切都没有发生，事情并没有你想得那么糟糕，所以放轻松些。

我：然后她什么反应？

小晴：她还是很紧张，不过没有之前那么夸张了。

我：嗯，她开始有点信任你了，对吗？

小晴：可以这么说吧，但是她依然抓着她的衣服不肯放松。

我：你能感受到她的焦虑依然存在，现在你是否愿意带她去释放这种压力，让她轻松一些。

小晴：如果可以的话，我当然非常愿意。

我：好的，请你站在她面前，很真诚地邀请她去一个你想带她去的地方。

小晴：去大草原吧。因为她一直渴望去大草原，看风吹草地见牛羊的景象。

我：很好，你邀请她，看她是否愿意跟你一起去？

小晴：嗯，愿意。

我：非常好，现在请你拉着她的手，来到了茫茫的大草原，你们两个人此刻就站在草原上，看着一望无际的草原，有牛，有马，还有蓝天和白云，有明媚的阳光，一片空旷宁静的世界。此刻你看到她是什么表情？

小晴：她放松了，手也没有再抓衣服了，嘴角还带着笑容，因为她真的看到了她最想要看的景色，她还是很开心的。

我：很好，接下来问她是否愿意把过去经历的种种难堪、焦虑、苦恼等，包括这些不堪的画面通通都卸载下来，随风吹走？

小晴：愿意的。

我：好的，你看着她从上而下，从头到脚，把这些过去的种种难堪的伤痛通通卸载下来，然后看着它们随风吹走。越吹越远，远得看不见了。

小晴：嗯，已经吹走了。

我：现在你看一看她现在什么心情？

小晴：轻松了很多，整个人好像更有活力了。

我：现在请你拉着她的手，真诚地看着她，告诉她，"过去的伤痛背负得太多，让你压抑了、难过了、无助了、焦虑了。你经历的种种我都看见了，我都感同身受，我理解你的伤痛，看到了你的努力，我会一直在你身边陪着你，给你爱和力量，支持你、保护你、陪伴你。未来的日子里，我会一如既往地陪在你身边，请记得身后还有一个我，当你需要依靠的时候，我会一直在你身边陪伴着你。我理解你、接纳你、包容你，一路走来，我知道你是不完美的。但是我依然爱着你，深深地爱着你。"请你把这些话通通都告诉她。

小晴：嗯，说了，她笑了，笑着点点头，接着看向远方，但是我能感受到她眼神的力量，感受到手的力量和温度。

我：你的感受是什么？

小晴：我也轻松了，同时也有种责任感，我想保护她，我要陪伴着她，因为她真的很脆弱、很敏感，她需要被关爱。

我：非常棒，我能感受到你的责任和担当，也感受到你的力量，相信你可以一直帮助她，陪着她成长。画面定格在这片草原上，你拉着她的手，看着草原的远方，彼此相互信任，目光温柔而坚定，朝着你们共同的目标，未来是一片阳光明媚的世界。记着这份平静、美好和爱的力量，记住这些感觉，把这些感觉深深印刻在你的身体血液里。然后深呼吸，放松。现在请慢慢地睁开眼睛，回到我们此刻的现在。很好，我能感受到此刻，你放松了很多。

小晴：感觉刚才的画面还是挺舒服、挺惬意的，如果一直生活在如此轻松的环境里面该有多好。

我：对的，这样的环境让你放松和平静。现在我们再来澄清关于掀衣服就会被嘲笑的问题，好吗？

小晴：嗯，我觉得被嘲笑很不舒服，很丢人。

我：请你想一想，如果被嘲笑的话，会有哪些人嘲笑你？

小晴：应该很多人吧。

我：请你认真仔细地想一想，数一数，哪些人是可能会嘲笑你的人？

小晴：我同桌，然后就是我后面坐的两个男生。

我：所以在这么多人当中，也就只有三个会嘲笑你的人，对吗？

小晴：我同桌应该是不会，她是女生，我们关系还不错，她应该是不会嘲笑的。可能还会关心我，替我解围。可能我误会她了。

我：那就剩下后面的两个男生。

小晴：对，因为上一次也是他们嘲笑我的。

我：你确定他们是嘲笑吗？

小晴：当时他们笑了一下，不知道是嘲笑我，还是他们的聊天内容有个笑话而笑的，但我当时以为是在嘲笑我。

我：所以你并不确定他们是在嘲笑你，对吗？

小晴：现在想想不太确定，有可能是。

我：所以如果是嘲笑的话，他们会笑多长时间？

小晴：五秒钟吧。

我：所以两个男生要嘲笑，也就是五秒钟的时间，对吗？

小晴：他们就笑一下，然后就继续做作业了。

我：所以他们只是在当下那一刻笑了大概五秒钟，然后继续投入学习，并没有过多地关注你，可以这么理解吗？

小晴：可以这么理解，确实是这样子的。

我：好，我们重新来梳理一下，你之前的掀衣服被嘲笑，其实只是被两个男生嘲笑五秒钟，也就是在那个五秒钟里面你会难堪，那么剩下的时间里面你并不会难堪。对吗？

小晴：对，让我难堪的就这五秒钟，但是我担心以后如果再出现的话，也有可能仍然会有人嘲笑我。

我：好的，你想象一下，有一天你走在路上，看到有个同学的衣服无意当中掀起来了，你会有什么反应？

小晴：没什么反应，可能就看一下吧，然后就走过去了。

我：你会去嘲笑吗？

小晴：不会，觉得很正常。

我：好的，我们换位思考一下，发生在别人身上的时候，你并不会去在意，那同样的，当发生在你身上的时候，别人也并不会去在意，你觉得呢？

小晴：我还是有些担心，如果有人在意呢。

我：有人在意会怎么样呢？

小晴：就会很难堪、很尴尬。

我：也就是那几秒钟难堪和尴尬，那么难堪、尴尬完之后呢？

小晴：好像过了就过了吧，也就那么一会儿，衣服也不可能一直掀起来，我又不那么傻。

我：很好，所以你觉得这种事情发生的概率有多大？

小晴：可能几乎不会发生了，因为以后我基本上不会再穿这种宽松的、很容易被风吹起来的衣服了，我会穿比较紧身的 T 恤。

我：也就是说，你会极力地去避免这种事情发生的概率。

小晴：对，我不会再让这种事情发生了。

我：非常棒，那么接下来你的困扰还有什么呢？

小晴：衣服被掀也只是偶然的事情，也就发生过一次，而且也就被两个男生嘲笑，而且还不一定是嘲笑。我现在想一想，事情可能没有我想得那么严重吧，被人笑一下，好像也就那么一回事，因为其实真正关注我和在乎我的人是不会嘲笑我的，那嘲笑我的人是我不在乎的人，我又何必去在乎他们呢？这么一想，心里舒服多了。

我：分析得非常透彻，所以接下来你会怎么去面对呢？

小晴：我想我要好好地去学习，投入到我的学习当中。

我：我感受到你的力量和放松、平静的心态，此刻的你是有力量和有智慧的。真了不起。现在对于掀衣服这件事情的困扰程度，0~10 分，你觉得还是 10 分吗？

小晴：还有 2 分，就是看到这两个男生有点不好意思，其他都 OK。

我：很好，所以当我们极力地去控制自己、去排斥自己想法的时候，情况反而越来越不理想。而实际上，当我们真正地去接纳它，去倾听自己内心的声音，去感同身受，去了解那个受伤的自己的时候，你会发现，那个受伤的自己如果感受到被关爱、被看见、被接纳，那么她就会放松，然后朝着我们想要的样子成长起来。

小晴：嗯，我明白了。不和受伤的自己对抗，而是去接纳自己，倾听自己内心的感受，真正地去接纳自己，才会真的有所改变，

案例分析

通过对上面小晴的焦虑案例的梳理，我们知道，处在青春期的孩子对个人形象特别关注，对他人的评价过分注重，所以一旦出现有不完美的方面，就会特意放大，觉得特别糟糕。而实际上，通过画面浮现和具体化，我们会发现，关键点在于自身认识方面，在于如何去看待这件事情，如何去接纳那个受伤的自己，通过让她再一次面对过去，进行创伤的处理，再一次去接纳那个受伤的自己，让过去自己的伤痛被看见、被理解和被接纳，那么她就会得到释放，从而最终疗愈了伤痛，化解了这种焦虑的情绪。所以焦虑情绪的背后是过去伤痛的不被接纳和不被理解，因此我们需要更多地去接纳伤痛，看见它，去包容它，从而达到自我疗愈。

4. 我快要失恋了

一段感情需要用心经营，需要彼此信任和尊重，才能够更好地维系下去。在爱情里面，当双方感受到彼此的信任，感受到爱和尊重，这份感情才能走得更远。在生活当中，总有些人想要去操控对方，这必然会让对方感到压力，甚至产生窒息感。如此一来，亲密关系就会出现伤痕，如果不及时修复的话，那么这种关系就面临着更大的危机。本案例中的主人公小娜，面对亲密关系的疏远，她该如何修复呢？到底她恋情危机的背后藏着怎样的需求呢？让我们一起拨开恋爱焦虑的迷雾，发掘潜藏内心的真正渴求。

小娜：这个星期，我基本上都是以泪洗面。我想要挽回这段感情，可是我男朋友根本就不理我，我不知道应该怎么办才好。

我：你们的感情出现了问题，这让你感到非常痛苦。

小娜：对，我很在乎他，之前一直都很依赖他，现在突然不理我，我觉得我的世界已经没有阳光了。我很害怕，我害怕他真的抛弃我了，所以我焦虑得睡不着觉。

我：听起来，他对你而言非常非常重要。

小娜：我觉得他是我生命中的一部分，我以为他会一直属于我，现在发现他好像离我越来越远，我恐惧，我害怕，我担心他不再属于我了。

我：我能感受到这种担忧。能跟我说一说你们之间具体出现了什么问题吗？

小娜：我一直觉得没有问题呀，可是这一个星期以来，他基本上都不接我电话，也不回我微信，打电话也都找不到他人，我不知道他为什么会变成这个样子。

我：在这一个星期以前，你们发生过什么事情吗？

小娜：在此之前，我去查了他的手机，然后打过他家人的电话。

我：为什么要想去查他手机或给他家人打电话呢？

小娜：我怀疑他有其他喜欢的女生，所以出于好奇，我就查了他手机。

我：那么给他家人打电话，是想证实吗？

小娜：对，我不太放心，所以我去问了一下他家人，是不是他在外面还有其他女友。

我：你男朋友知道吗？他是什么反应？

小娜：他非常生气，就和我大吵了一架，以前他从不会这样跟我发脾气的。

我：吵完之后，你们之间还发生了什么吗？

小娜：吵完之后，他就开始不理我。

我：一直持续到现在都没有理你？

小娜：对啊，所以我就算想跟他解释，也无法联系上他。

我：你们的感情持续了多长时间？

小娜：快一年了，我们在工作中认识的，我觉得他特别优秀，所以就主动追他的，追了近半年，他才同意做我男朋友。

我：他之前对你怎么样？

小娜：他之前对我挺好，但是没有我喜欢他那样喜欢我，不过我知道他也喜欢我。他一直说他还需要时间再了解我，但是我们已经确定了恋爱关系。

我：所以你觉得你们之间现在的问题主要出在哪？

小娜：难道就因为我查了他手机吗？这不是很正常吗？

我：你觉得查他手机是很正常的事情，他是怎么看待这个行为的？

小娜：我是觉得很正常，没有想到他会发火，我觉得无法理解，于是我也跟他闹。

我：你查他手机，是当着他的面吗？

小娜：我是偷偷查的，就是想知道他到底有没有其他女友。

我：你为什么会认为他有其他女友呢？

小娜：我朋友说她看到我男朋友和另外一个女生有说有笑地在喝奶茶。

我：听起来，你对他不太放心。

小娜：他长得比较帅，应该很容易招女生喜欢。

我：所以和他在一起，你的感觉是什么？

小娜：常常会担心被人抢走。

我：你的这种担心，他知道吗？

小娜：我和他说过，但是他说我无理取闹，说我就爱瞎想。

我：他觉得你这种担心太过多余了。

小娜：对呀，所以我现在基本上都不和他说这种话了，就直接去做。

我：做什么？

小娜：就经常盯着他手机啊，或者让我朋友帮忙盯着他，看一下哪个女生和他走得比较近。

我：如果发现有女生跟他走得比较近，你会做什么？

小娜：会过去警告那个女生，他是有主人的，你别打他的主意。

我：你觉得这样做，你男朋友会有什么反应？

小娜：我每次都偷偷地做，但是被他无意知道后就会很生气。

我：他生气的原因是什么？

小娜：觉得我没有给他自由，没有给他空间，觉得我在监视他。

我：对此，你怎么看？

小娜：我觉得我的做法很正常，他是我男朋友，我不就应该盯着他吗。

我：你有没有想过这样盯着他，他会是什么感受？

小娜：他不喜欢，会觉得有压力，好像被我控制一样。

我：既然他不喜欢，你为什么还这么做？

小娜：我控制不住，我真的没有安全感。

我：听起来，这段感情让你有些累。

小娜：我真的觉得很累，我也不想那样，可是既然两个人要好好相处，那首先肯定不应该有第三者。

我：你认为他和女生走得比较近，就有可能是发展成不一般的关系吗？

小娜：这种剧情我看得多了，我身边的朋友也遇到过类似的，所以我担心有一天，这种事情也发生在我的身上。

我：我感受到你对此很焦虑和不安。

小娜：我经常担心，常常睡不好，这段感情我投入了太多。

我：因为你付出了很多，所以你希望得到好的回报。是这样吗？

小娜：对，所以我希望我投入了感情，他就应该只爱我一个人，他就应该好好对待我。

我：你认为投入感情就必须有回报，是这样吗？

小娜：当然，有投入就必须会有回报。

我：在你身上，除了感情以外，所有的投入都会有回报吗？

小娜：那不一定，我工作方面投入了很多，比如上周我负责的一个项目，花费了一周的时间准备，可并没有被老板认可，我的投入并没有得到回报。

我：所以有的时候投入和回报并不对等，对吗？

小娜：确实是，但我不希望在感情方面，我的投入没有回报。

我：我特别理解，你付出了那么多，你希望得到他的回应，但是如何才能得到他更好的回应呢？

小娜：所以呀，我不知道他为什么要这么对我。

我：你无法理解他为什么不理你，因为你付出了那么多，按照你的思路，他应该要回报你的。

小娜：是的，这是我困惑的点。我爸妈的感情就是一个例子。我妈付出得太多，我爸就是一个白眼狼，最后离婚了，一点都不感恩我妈为这个家的付出。

我：所以通过你爸妈的婚姻，你看到了投入和付出也不对等。

小娜：对，所以我害怕，我感觉在我身上看到了爸妈的影子。

我：也就是说，你特别担心自己会重蹈爸妈的覆辙？

小娜：确实有这样的担心。我感觉我现在活得越来越像我妈了，一味地去付出，但是没有讲究方式方法，就觉得我要对他好，但内心特别渴望得到回报。

我：有付出而渴望得到回报，这是很正常的想法。

小娜：可是看到我妈，为这个家操持了那么多，所有事情都是她一个人去承担，包括孩子、家务和工作，她都要兼顾，而且对我爸管得非常多，样样尽心尽力，吃喝拉撒都管着他。

我：你觉得你妈对你爸非常关心。

小娜：对，可是我爸好像并不领情，我妈投入了那么多，结果他还是和别的女人跑了。

我：你觉得自己的行为和你妈的做法很像。

小娜：是的，我特别关心我男朋友，每天嘘寒问暖，他吃什么，做什么，用什么，包括他用什么洗发水我都一清二楚。

我：你平时通常以什么样的方式去关心你男朋友呢？

小娜：可能我真的盯得太紧了，只要他不上班的时候，我都花心思安排他的日常，比如吃饭，我会要求他吃什么菜才有营养，会要求他喝什么汤，甚至他不喜欢喝的也要他喝完，因为这样才能保证营养，才能有健康的身体。

我：你是用你的方式来关心他，而这些方式是他也要的吗？

小娜：嗯，现在想想，可能是我老想着怎么样对他来说是更健康和更有营养，以及更好的方式生活，但是我可能忽略了一个问题，就是这到底是不是他想要的。

我：如果他不想要，他会拒绝你吗？

小娜：他会拒绝我，但是我仍然非常固执地要求他必须按照我的方式，所以他经常会很生气。

我：这份感情你投入了很多，也为了他花了很多心思，但往往都按照你需要的模式去进行的，对吗？

小娜：嗯。这是我需要的，比如他喜欢吃烧烤，可是我不让他吃，毕竟这些东西很不健康。

我：你是为了他身体着想，但是你的这种方式让他比较抵触，对吗？

小娜：对，可能我用很强制和命令的口吻说话，平时和他讲话也更多的是命令的口吻，我现在觉得我不应该这样的。

我：在你们相处的点滴当中，你们都是这样相处的吗？

小娜：在相处中基本上都是我管着他，感觉他就像个小孩子，但是我能感觉到他其实一直在反抗，只是我并没有去关注他的情绪和感受。这一个星期他不理我，我才开始去反思，或许是我真的做错了。

我：你觉得自己错在哪儿了？

小娜：管太多了，让他有点窒息，而且这都是我要的，并不是他想要的，我忽略了他的感受。

我：所以这一周他不理你，你觉得可能是因为什么？

小娜：他想要逃离，他想要一些空间和自由，所以他不接我电话，不回应我，是想要清静，想要独处的时间。

我：听起来，你似乎比较理解和接受他不理你这件事情了。

小娜：现在理解了，看来还是我的问题。

我：所以接下来你会做什么？

小娜：是我给他的空间不够，尊重和信任不够。如果我真的爱他，我应该多顾虑他的感受。

我：嗯，能够去面对自己的问题，能够反思自己，还能想着去努力改变，这些都需要很大的勇气。

小娜：我知道我不能只顾自己的想法，之前确实有点无理取闹。

我：怎么说呢？

小娜：其实和异性交往是正常的，只不过在当时，我特别生气，缺乏安全感。现在回头想想，我觉得每一次证实都表明他们之间是清白的，纯友情，甚至还说不上普通朋友。

我：所以你觉得你误会了他。

小娜：对，证实了几次之后，我发现，确实是我一直在误会他，所以我还是挺后悔的。

我：今后对于这段感情，你会如何去对待呢？

小娜：我要去反思，如果再有机会和他联系，我会直接告诉他，我相信你，并向他道歉。我会改变之前的行为，给他多些空间。

我：嗯，确实，感受是需要表达出来。彼此真诚的沟通非常重要。

小娜：对，我之前确实忽略了，很多自己的感受恰恰没有表达出来。

我：之前你做了那么多，我知道，你都是出于爱，只是方式不被他认可，而且你很多内心的感受并没有表达出来，也没有关注他的感受。

小娜：嗯，我清楚我的问题在哪里了，所以表达感受，和他好好的真诚的沟通是我要去做的事情。

我：你能够敢于面对自己，勇于提升和改变自己，真的非常不容易。相信你会勇敢地表达你的爱，会以更佳的方式去面对今后的感情。

案例分析

在小娜的案例中，我们经过梳理发现，真正困住她的是内心的极度不安全感。在这段关系出现裂痕之后，她能够及时反思，领悟到这段感情出现危机真正的关键在于自己的不安全感，这种不安全感是受到她原生家庭的影响，父母的感情模式对她造成了很深的伤害。在父母身上，她对婚姻产生恐惧和担忧，从而延伸到自己这份感情身上。通过梳理，她明白了这段感情对她来说意味着什么，今后的方向应该是什么。只有提升安全感，才能够让焦虑的情绪得到缓解。

5. 我为驾照狂

自驾出行给我们生活提供了非常大的便利，开车之前，我们需要学习开车的技能，通过考试获得驾驶证。如果仅仅因为驾照考试的失利，而一再地否认自己，并为此感到焦虑，而影响日常生活，那么我们就需要及时调整自己，及时地去了解真的是因为驾照考试本身的问题，还是因为这个焦虑背后自我认识的问题。本案例当中的主人公小勇，因为四次驾照考试失利而引发对自我的质疑和否定，并处在深深的焦虑当中，影响了正常的生活。让我们一起拨开小勇焦虑情绪的迷雾，探寻困扰的真相。

小勇：这次考试又没过，这已经是第四次了。

我：听起来，考试不太顺利，你对自己不太满意？

小勇：第四次了，会被别人笑死的，我都不知道自己怎么会这么笨。我现在都不敢出去和朋友聚会了。

我：因为多次考试不理想，你害怕他人的嘲笑。

小勇：对啊。

我：这个驾照考试对你来说很重要，是吗？

小勇：驾照考试说不重要吧，也是挺重要的，只是我没有想到会连续失败，这个我受不了。

我：你不能够接受自己多次考试失败？

小勇：谁能接受呢？一个男生竟然连驾照考试都过不了，是不是很丢人？

我：听起来，你觉得男生就应该要考过。

小勇：嗯，我身边的朋友都是一次性就过的，就我遇到这种情况。

我：所以你对自己是失望的。

小勇：很失望，而且也很着急，我不知道第五次能不能考过，所以我今天来，想请您帮我分析分析，我第五次到底能不能通过。

我：你担心自己第五次会重蹈覆辙？

小勇：非常担心，前面四次都失败了，第五次我担心又出现同样的问题。

我：同样的问题是指什么问题？

小勇：每一次都是上坡起步的时候控制不好，力度控制不够。

我：在考试的时候出现这个动作问题，那平时练习也会出现吗？

小勇：平时练习都练得好好的。

我：那么在考试的时候出现问题，你觉得可能是什么原因？

小勇：就是太紧张了，我考试时一坐上车就特别紧张，然后手和脚都在抖。

我：因为紧张，所以控制不好？

小勇：我觉得就是这个原因，因此我需要调整心态，怎么样才可以不让自己那么焦虑，怎么样才可以让自己平静地去对待考试？

我：你觉得主要问题就是在考场的时候情绪紧张，从而手脚发抖，造成屡考屡败，是吗？

小勇：对。

我：记得当时在考场的时候，大脑在想什么吗？

小勇：一直在想着千万不可以失误，千万不要踩油门太用力。

我：一直在暗示自己不要出错？

小勇：对。

我：好的，我举一个例子，如果我现在告诉你千万不要想苹果，千万不要想红色的苹果，请问你的脑海中看到的是什么？

小勇：看到一个红色的苹果。

我：所以你发现了什么呢？

小勇：让自己不要去想，反而越会出现，越容易想。

我：是的，因为大脑会有这样的一个现象，潜意识里面当你去压抑它的时候，它反而会以另外一种方式呈现出来。

小勇：我明白了，当我让自己不要去想失败，不要去想太用力刹车等这些注意事项时，我脑海里反而就出现这样的画面。

我：对，所以脑海里面呈现这样的画面，再一次强化了你这样的行为。

小勇：我明白了，那应该换一种暗示的方式，是吗？比如说暗示自己一定会成功，暗示自己非常顺利。

我：对，暗示很重要，暗示的语言显得至关重要，积极的暗示是一方面，另外更重要的是，你是否能够接受最坏的结果。

小勇：不太明白您的意思？

我：你觉得驾照考试，如果第五次失败了会怎样？

小勇：再次失败了，我就会很懊恼，很沮丧，觉得很没面子。

我：你会懊恼，你觉得会发生什么事情，会有什么后果？

小勇：会被人笑，觉得很丢人。

我：被人嘲笑之后，会怎样？

小勇：那就继续考呗，重新报名，重新再考试。

我：所以再遇到考试失败，最坏的结果就是大不了重新再考一遍，是吗？

小勇：对。

我：对于重新再考一遍，你能接受吗？

小勇：那要花很多钱的。

我：算一算，你觉得要花多少钱？

小勇：没想过，觉得很多钱。

我：你可以去计算一下，考一次试要多少钱，报名费加上培训费等总共要花多少钱？

小勇：以前从来没有算过，现在算一算，如果一直都不顺利的话，从开始报名到第五次考完之后仍然没过的话，那就需要重新来过，总共是需要一万左右。

我：好，一万块对你来说意味着什么？

小勇：我刚参加工作没有多少钱，对我来说意味着接近三个月的工资。

我：也就是说，你是可以通过三个月赚到这些钱的？

小勇：对。

我：所以你的感受是什么？

小勇：最坏的结果就是用三个月的工资来买教训了。

我：所以对于这个结果，你能接受吗？

小勇：虽然会心疼钱，但是花钱买教训吧，而且我不会那么衰，不可能一直都考不过。

我：所以你有信心，接下来总有一次能考得过，对吗？

小勇：那肯定的，我不可能一直都考不过，这是第四次，如果第五次不过，那就重新再来一遍，我不相信这辈子都考不了。

我：如果最终依然过不了呢？

小勇：那就不开车了，我就坐公交车。或者如果我有钱了，就雇个司机。

我：也就是说，即使没考过，没有拿到驾驶证，还有很多解决的方式，对吗？

小勇：对，现在想想，不就是没有过吗？但是我现在发现，钱倒不是最在乎的，我更看重的是在别人面前丢脸。

我：你觉得没考过很丢人，会被人嘲笑。

小勇：对啊，被人笑话说这么简单的考试都过不了。

我：你无法接受自己被人嘲笑。

小勇：无法接受。

我：从小到大，曾经有被人嘲笑过的经历吗？

小勇：有，主要是我爸妈，如果我没有达到他们的要求，他们就会冷嘲热讽，包括这次考驾照的事情。

我：考驾照这件事情，除了爸妈，还有谁嘲笑过你吗？

小勇：之前以为我朋友会嘲笑，现在发现没有，只是我自己觉得没面子。

我：所以也就是最亲的两个人会嘲笑你，全世界也就两个人会这么对你？

小勇：是的，我不喜欢被他们嘲笑。

我：他们是怎么嘲笑你的？

小勇：我爸很不屑地说，这么简单的考试都考不了，一点出息都没有。

我：因为驾照考试而去否定你整个人没有出息？

小勇：对。

我：被他否定，你有什么感受？

小勇：很难受，也很生气。

我：你当时对你爸的嘲笑有什么反应吗？

小勇：我没说话，但是我很生气，很难受，觉得他这说过分了，不就是一个考试，和一个人出不出息并没有太大关系。

我：你当时并没有直接去反驳他，是你在顾虑什么吗？

小勇：我害怕他。从小到大，他都比较严厉，比较凶，所以我骨子里还是怕他的。

我：你和他之间的关系怎么样？

小勇：一般，我爸对我要求挺高的，从小到大，包括学业各个方面对我管得比较严，他不希望我一而再，再而三地犯错误。

我：他对你要求过高，如果没有达到他的要求会怎样？

小勇：他就很不满，就会生气。

我：所以你害怕他生气。

小勇：嗯，害怕，我不喜欢看到他生气的样子，挺凶的，挺怵的。

我：那么你妈又是什么情况呢？

小勇：我妈也是比较严的，如果我哪件事情做得不好，他也会跟我爸一样生气发脾气。

我：我能感受到你生活在这样的环境里面，处处拘谨和小心。

小勇：对，我生怕自己哪里做得不够好，就引发他们的情绪，然后就爆炸了。

我：所以你经常对自己要求很高，希望都尽可能地满足他们的要求。

小勇：对啊，这次驾照考试，本来以为小小的考试，我也没有太当一回事，但是因为不顺利，结果他们两个就生气了，而且还指桑骂槐地讽刺我，说我没出息，说我成不了大才，我就很难过，我就觉得自己什么都不是。

我：因为他们的否定，所以你也开始否定自己了。

小勇：对，我无法接受自己的失败，如果一次失败也就算了，我无法接受自己接连失败。

我：在你眼里，考试没有通过就是失败。

小勇：对，我不允许失败，我只可以成功。

我：失败对你来说意味着什么？

小勇：如果失败就意味着被否定，就意味着我是不完美的，就意味着我没有出息，我不配拥有更好的未来。

我：所以失败就意味着一辈子过不好，是吗？

小勇：一辈子？好像也不至于。

我：好的，一次失败就意味着这一次可能能力还不够，还需要继续努力，并不意味着一辈子都会这样没出息，过得不好，可以这么理解吗？

小勇：可以。一次失败，哪里摔倒就哪里爬起来呗，未来还有很多成功的事情可以去做呀。

我：所以现在你可以接受自己的一次失败，对吗？

小勇：现在想想有道理，不就一次失败吗？而且也不能说失败吧，至少在这个结果当中，我又可以总结一些经验和教训。

我：所以你的感受是什么？

小勇：感觉考试没有过，好像也没啥大不了的，而且父母亲的嘲笑归嘲笑，也就说那么一会儿吧，而且我知道他们只是希望我能够努力变得更好，其实他们在生活上和事业上，还是挺支持我的，这个驾照考试也只是一个小的问题。

我：现在你能够接受这个驾照考试的结果，对你来说并不意味着一辈子没有出息，失败仅只是代表这一次考试过程中，自己的能力还有待提升，或者准备得不够充分而已，但是后续依然可以有弥补的机会，依然可以有提升的努力空间，对吗？

小勇：您说得非常对，就是这个意思，所以接下来我应该继续去练习，好好地听教练的建议，如果第五次还是没有通过，那我就再花一点钱，从头再来吧。

我：所以这样想的话，你现在还感觉特别焦虑和紧张吗？

小勇：现在不会了。感觉这样想之后，内心平静了很多，就觉得好像也就那么一回事吧，没过就没过，也没什么大不了的，日子还是要照样过的，我还是继续做我自己的工作，继续上班赚钱，然后大不了多努力一下，以后雇个司机。

我：哈哈，你能够这样想，能够不再那么困扰，去接受现在的困境，努力去改变和提升自己，真的很棒！

案例分析

通过本案例中小勇驾照考试的案例梳理，我们发现，引发他考试焦虑真正的原因，不仅仅是因为对结果的在乎程度，更多来自父母亲家庭教育的方式以及对自我的认可程度。他到底是如何认识自我？如何看待自我？如何去面对失败？这些认识是直接导致他焦虑的原因。案例的关键点还在于他是否能够接受最坏的结果，是否能够接纳自己的不完美。其实每个人都是不完美的，请容许自己是不完美的，接纳自己的不完美，提升自我，收获自己内心的从容和平静。

6. 焦虑的妈妈

在家长眼里，自己的孩子是不完美的，存在很多这样或那样的问题。很多父母常常无法理解孩子的一些行为，孩子怎么不按照家长的意愿来呢？因此不少家长处于焦虑当中，困扰着如何改变孩子。那么孩子出现这样或那样的问题，背后到底是什么原因，真的是孩子本身的问题吗？还是家庭教育当中家长出了问题？本案例的主人公玲玲妈，因为孩子不肯去上学的事情操碎了心，她焦虑的背后是什么困扰着她？通过拨开焦虑情绪的迷雾，我们一起来探寻真正困扰的原因。

玲玲妈：老师，我想咨询我孩子学习的问题，她现在二年级，就是一直不肯上学。我今天想叫她一起过来您这边咨询，可是她死活不来，我没有办法，只好自己来了。

我：不着急，坐下来慢慢说。

玲玲妈：我女儿玲玲今年上二年级了，从国庆以后就一直不肯上学，都一个多月了，老师也三番两次催她去，可是不管我们怎么劝她，怎么鼓励她，最终还是不肯去，而且看她非常痛苦，还大声地尖叫着反抗。我不知道该怎么办了，为什么上学对她来说是这么痛苦的事情。

我：从国庆以后开始，那么在此之前，她会这样吗？

玲玲妈：在此之前也不怎么愿意，但是没有像这一次这么强烈。

我：国庆的时候，家里有发生过什么事情吗？

玲玲妈：就是我和我老公大吵了一架，被她看到了。她当时一个劲儿地哭，我非常生气，就抱着她回娘家，结果她还一直嚷嚷着要爸爸，我很生气就打了她。事后我也后悔，我不该动手打她，毕竟她没有错。

我：你后悔打孩子，除了这件事情，孩子学校的老师反馈她平时表现是什么样呢？

玲玲妈：老师说她在学校没有什么朋友，基本上，下课都是自己一个人玩，不怎么爱跟其他小朋友玩。

我：在家呢？愿意和其他小朋友玩吗？

玲玲妈：她很内向。之前有些小朋友来我们家玩，但是我感觉那些小朋友比较脏，而且乱翻东西，行为习惯不好，所以我就不让她跟这些小朋友一起玩了。

我：那你们平时在家的话，她通常和谁玩？

玲玲妈：孩子他爸基本上都在上班，而且我和他教育理念不同，他不太认可我的方式，所以我们两个很容易吵架。主要我陪着孩子的时间多。

我：你希望你的孩子是什么样的呢？

玲玲妈：我就希望我的孩子特别乖巧懂事，而且性格要开朗乐观，要有很多朋友，要爱学习。我花了很多的钱去报各种培训，我希望她能多才多艺。

我：你希望通过各种培训，让她更优秀？

玲玲妈：对啊，我给她报名了绘画、书法，还有钢琴课，对了，还有象棋和舞蹈课，还有主持人课程，每周末都不闲着。

我：你希望她能够成才，现在二年级，就给她报了六门课外班。

玲玲妈：对啊，我觉得现在社会竞争压力那么大，应该要从小开始培养各种能力，而且我给她报了这么多课，花了很多钱，孩子他爸是不同意的。

我：最后你还是按照自己的想法去做了，即使孩子爸不同意。

玲玲妈：对，所以我们之间有隔阂，很容易吵架，因为他不太认同。

我：那么孩子呢，孩子的想法是什么？

玲玲妈：孩子都不愿意去，但是我花了这么多的钱，不去也得去。

我：孩子其实并不太喜欢这些，包括去学校上课？

玲玲妈：对，我都不知道我孩子为什么不爱学习。

我：好，我们来捋一下，你想要孩子达成的目标有哪些？把这些罗列出来。

玲玲妈：我想要我的孩子开朗外向，有朋友；孩子乖巧听话；孩子热爱学习；孩子能说会写；孩子能唱能跳。

我：这么多的目标，是孩子想要的，还是你想要的？

玲玲妈：是我想要的。

我：你的目标这么多，你想一想孩子是否都能够达到呢？

玲玲妈：达不到啊，现在想想每一个她都达不到。

我：所以你感到很焦虑。

玲玲妈：对，最近焦虑得吃不好，睡不好，看到别人家的孩子都这么优秀，而我家的孩子这么不争气，我就很窝火。

我：所以你焦虑的点在于孩子没有达到这些要求。

玲玲妈：确切地说是这样的。

我：你再看这些目标，总共五个目标，如果你是孩子，你觉得自己能达到吗？

玲玲妈：我也不知道能不能达到，但估计也够呛。

我：所以现在请你闭上眼睛，想象一下，此刻你就是孩子玲玲，按照妈妈的这些要求，你每天要做什么事情呢？

玲玲妈：就是早上起来，刷牙洗脸之后，要听英语单词，然后吃早点后上学，放学之后按时做作业，做完作业后听故事睡觉。到周末的时候，早上 7 点要起床，然后去上书法课。12 点回家吃饭，中午休息一个小时，接着下午弹琴，晚上要上主持人课，星期天还有绘画课、舞蹈课和象棋。然后周一又开始继续上学。

我：所以想到孩子每天要做这些事情，你有什么感受？

玲玲妈：感觉太累了。她才 9 岁，感觉自己太狠心了。

我：她只是个孩子，这些都是她需要的？

玲玲妈：这些是我的需要。

我：所以真正困扰你的问题在哪里呢？

玲玲妈：我把自己的想法和需要强加给她了。

我：所以你能感受到孩子是什么样的心情？

玲玲妈：很难过和无助，爸爸妈妈都不理解她，只知道逼着她学习。其实孩子也挺可怜的。现在想想，自己似乎过分了，有些后悔。是我要得太多了，要她做一个优秀的孩子，就是常说的"别人家的孩子"，但是我知道没有一个孩子是完美的。是我要太多了。

我：因为要求太高，所以当回到现实，发现孩子达不到的时候，你发现有差距，那么你就会焦虑。

玲玲妈：嗯，没有达到我的要求，我感觉自己瞬间就情绪不好了，然后就会把情绪发泄在老公和孩子身上，但是我从来没有考虑过是我自己的问题。

我：所以现在想一想，你的感受是什么？

玲玲妈：很内疚，感觉自己做得不够好，是我没有考虑到孩子的情况。

我：你觉得今后自己可以做什么？

玲玲妈：自己要求太高了，孩子确实太累了，一天到晚都没有休息，都活在妈妈的高要求里面，特别可怜。我知道我家宝贝肯定很无助很脆弱，很需要我的理解。

我：是的，你体会到了孩子的无助和脆弱。

玲玲妈：今后我要降低需求，她的快乐是最重要的。我想，现在最重要的需求就是能够乖乖地去上学。

我：如何让孩子去上学，这个问题依然困扰你，对吗？

玲玲妈：对，我不知道该怎么办？

我：换位思考一下，如何让你自己去做一份工作呢？

玲玲妈：那需要有动力，要明白这份各工作的重要性，比如可以赚钱养家。又或者这份工作是我感兴趣的，当我做感兴趣的事情时，我就会热爱它，而且会为之努力和付出。

我：所以孩子呢？

玲玲妈：我明白了，我要让孩子感受到学习的乐趣，要让她感受到校园生活的乐趣，或者想办法让孩子明白上学的重要性。现在想一想，我家宝贝不愿意上学，是在学校太孤单了，老师也没怎么关注她，她在学校没有感受到足够的爱和关注，当然就不愿意去了。

我：非常好，将心比心，孩子面临这样的情况，不愿意上学也是可以理解的。

玲玲妈：是的，我感觉挺心疼我家宝贝的，如果这么理解的话，那我知道我接下来应该做什么了。

我：可以做什么呢？

玲玲妈：我要心平气和地和孩子沟通，告诉她，妈妈之前做得过分了，和孩子缓和关系，向孩子道歉，让孩子不再那么反感我。另外就是和老师沟通，看有没有办法让老师多一些关注，然后鼓励我家孩子勇于去结交朋友，当然这需要时间。但是我相信我家宝贝可以的，之前不是她不交朋友，而是我限制得太多了，现在我觉得我应该放手了，要去肯定她。如果她有交朋友或者和朋友聊天什么的，我就要给她鼓励，告诉她，宝贝你做得真棒，我看到你和小朋友一起玩，妈妈感到开心。我想这样的话，她就会慢慢地走出去。

我：看到你能够明确自己的方向和做法，这点非常棒！

玲玲妈：所以和你交流，我现在发现都是我自己的问题，而且小朋友比较内向。除了我之前限制得太多，还有一方面就是我们夫妻的关系不好，所以小朋友怕说错一些话惹我们生气，我能够感受得到。

我：能具体多说一些这方面的情况吗？

玲玲妈：当我和我爱人要吵架的时候，我家宝贝就欲言又止，拉着我的衣服想要阻止我，但是又担心我批评她，所以经常站在中间，不知道该帮助谁。

我：你觉得孩子的感受是什么？

玲玲妈：很矛盾，很无助，很难过。

我：那么她需要什么？

玲玲妈：她希望爸爸妈妈不再吵架，她希望看到我们一家三口快快乐乐的样子。她之前有跟我说过，可是我每次被情绪冲昏了头脑，忘记顾及她了，只顾着发泄自己的怨气，现在想一想非常懊恼。

我：你和你爱人之间关系比较紧张，除了教育方式的分歧之外，还有吗？

玲玲妈：这是我自己的问题了，自从结婚之后，我发现我脾气比较暴躁，他只要一没有听从我或满足我的要求，我就会发脾气。所以一开始，都是我在无理取闹，在乱发脾气，现在他会冲着我发脾气，也是我先惹他的。

我：所以你们之间的冲突主要是你引起的，你觉得主要问题在你身上，是吗？

玲玲妈：对，现在想想，孩子爸也挺不容易的，早出晚归，回到家还要看我的脸色，吵完架以后他还要哄着我，确实想想也挺累的。

我：你感受到了他的不容易，感受到他的疲惫。

玲玲妈：对，他也非常不容易，确实是我的问题，所以我需要去调整我的情绪。

我：你经常发脾气，通常都因为什么呢？

玲玲妈：主要是因为他没有满足我的需要，比如说节日的时候我需要礼物，我老公没送我，我就会怪他，我就会跟他吵。

我：所以当你的需求没有被满足的时候，你的不良情绪就出现了。

玲玲妈：是的。

我：所以真正引发你情绪的点在于你的需求是否得到满足，对吗？

玲玲妈：是的，看来我的需求才是真正引发我情绪的原因。

我：那你真正的需求是什么？你可以闭上眼睛去想象一下，你最理想的画面，你最想看到的是什么，请在你脑海当中慢慢地去浮现出你最想看到的画面。

玲玲妈：我最想看到的画面就是一家三口其乐融融的，我们三个手拉着手，在草地上奔跑着，嬉戏打闹，有说有笑，非常和谐。

我：你觉得怎么样才可以实现这么幸福的画面？

玲玲妈：和孩子、爱人建立好的关系。

我：所以夫妻关系和亲子关系这一块是你接下来要努力去提升的，对吗？

玲玲妈：是的，所以我要去学习到底如何更好地去了解孩子，倾听孩子的想法，如何培养良好的亲子关系。还有我和爱人之间出了问题，我知道是自己的问题，我要想办法去沟通，所以接下来我需要去不断地去学习，比如通过心理咨询和通过一些心理培训的课程，我要让自己学会成长。

我：现在看来，你对自己的问题以及未来有比较清晰的方向，对吗？

玲玲妈：对，我感觉找到方向了，也找到了我真正的问题点在哪里了，原来问题一直出现在我自己身上，是我一直在要求别人，而恰恰真正需要提升的是我自己，所以我知道，从今天开始我要去努力转变自己。

我：你能够去反思和面对自己的问题，并想努力寻求改变，这需要很大的努力。我相信你通过努力会慢慢转变，这种转变需要一个过程，但我相信只要运用科学的方法持续地践行，科学地去教育孩子，和爱人以及孩子有良好的沟通，尤其学习情绪管理的方法，调整自我情绪，你们的生活会朝着你要的方向发展。

案例分析

通过以上案例的梳理，我们发现，真正引发玲玲妈焦虑情绪的背后，是对孩子和爱人需求的不满足，当需求没有被满足，生气、焦虑的情绪就自然而然地产生。所以要改善情绪，真正的关键是要去探寻情绪背后，自己内心真正需要的是什么，并及时地去调整。在家庭教育当中，我们常常发现孩子出现各种各样的不良行为，真正的原因是家长的需求在影响，而且家长的言行也对孩子造成了直接的困扰。孩子不去上学，真正的原因在于孩子背负了太多的伤痛，不被父母理解，不被父母支持，不被父母认可。本案例后续还需要进一步对夫妻关系和亲子关系进行深入的梳理，但通过本案例情绪的梳理，拨开情绪焦虑的迷雾，我们看到的是家长自身需求和夫妻关系的问题。

7. 表白的苦恼

在生活中我们常常会遇到这样一类人，明明内心非常渴望和别人亲近，非常想要真实地表达自己，想靠近对方，但终究不敢表露自己内心真实的心声。他们担心表达后不能承受不好的后果。本案例的主人公阿生，经历了两次表白失败，当再次遇到自己心仪对象的时候，却迟迟没有勇气去表露自己的心声，对表白保持着焦虑和担忧。通过梳理阿生的案例，让我们一起来拨开他焦虑情绪的迷雾，看清背后的真相。

阿生：我今年35岁了，很多同龄人都已经为人父母了，甚至孩子都上小学了，而我依然独自一人，我也想早点成家，可我没有勇气去追求我喜欢的对象。

我：看到周围的人基本成家了，你感到焦虑，对自己没有勇气去追求喜欢的对象，感到不满，是这样吗？

阿生：是的，我很着急，可是我知道着急没有用，我做不到，我就是没有办法迈出那一步，去表达自己，去袒露自己的内心。我曾经想过无数遍，要鼓足勇气，我给自己打气，可当真的站在心仪的对象面前，我就像瘪了的气球。

我：在心爱的人面前没有勇气表明自己的心意，你是在担心什么呢？

阿生：担心被拒绝。

我：之前有遭遇过被拒绝的经历吗？

阿生：有过两次，刻骨铭心的感觉。

我：能和我说一说当时什么情况吗？

阿生：第一次是在高考以后，我们都考上了大学，而且我们是前后桌，之前关系都挺好的，在学习上你追我赶。我很喜欢她，应该是说，从高一到高三这三年都特别喜欢她，我一直暗恋她。高考之后我就大胆地向她表白，结果她拒绝我了，认为我配不上她，主要是我的家庭情况不像她家那么优越。所以我很受挫，但是我又无力去改变现状。另外一段经历就在大学期间，我认识了另外一个女孩，我们在同一个学生部门工作。她的气质和性格吸引了我，我觉得和她在一起特别开心，所以我也鼓足勇气向她表白了，结果呢，也是被她拒绝了。理由是她喜欢另外一个男生。你知道吗？我好不容易遇到我心爱的人，可是两次了，我感觉我投入了很多，付出了很多，鼓足了多大的勇气才敢于去表达，可是结果呢，都遭到了这样的拒绝，所以我很受挫，我觉得可能自己不配拥有爱情了。

我：面对这两次拒绝的经历，我能感受到你的伤痛，也感受到你当初的勇气，但结果并不如你所愿的时候，你就开始否定自己了，对吗？

阿生：是的，我很容易自我否定。我觉得什么都不如人家，家境不如别人，学习不如别人优秀，工作能力不如别人强，现在找的工作也不如班级其他同学那么好，所以感觉我的人生是很失败的。即使我有喜欢的女孩，就像现在这样，有一个女孩，我已经喜欢她一年了，可是我想到自己什么都没有，不能给她带来幸福，所以我想还是不要去打扰这个女孩为好。

我：你觉得和别人比较，自己是失败的，是自卑的，什么都不如别人。

阿生：对，从里到外，从个人到家庭，我感觉都不如别人。

我：所以你很自卑。自卑让你没有勇气去表露自己，没有勇气去做自己想做的事情，或想说的话，是这样吗？

阿生：是的，工作上也是这样，明明我想要表达的是这个意思，可是当发现同事和我意见不一致时，我就不敢去表达了，我担心说出来会遭到别人的嘲笑。

我：你的内心很敏感，你害怕被别人否定？

阿生：是的，很害怕他人的否定。从情感上，过去这两段表白被拒绝的经历，让我在面对情感时裹足不前。在工作中其实也一样，我害怕别人的否定，也许别人不一定会否定我，但是我缺乏信心，那份鼓足勇气去表露自己内心想法的信心。

我：有没有想过，当你被人否定之后，会是怎样的一种情形呢？

阿生：如果被人否定的话，我就会很难受。

我：任何人都需要肯定，如果被否定，确实会让人难受，那么被否定之后呢？

阿生：心情不好的话，就会影响我的工作效率，也会容易出错。

我：那么出错了之后会怎样？

阿生：会被领导批评。

我：被批评之后呢？

阿生：被批评之后，同事们会笑话我。

我：大家都笑话你吗？

阿生：那倒不是，有一些人会笑话吧。

我：有一些人是哪些人？你能想一想，数一数大概有多少人会笑你？会有谁会因为你被领导批评这件事情而笑话你？

阿生：这个没想过。

我：现在好好想一想，试着把你公司里面可能会笑话你的人都列出来看看？

阿生：跟我竞争的那个同事会笑话我，细细一想，好像也不会，因为他也经常被领导批评。他应该更能够理解我，而不是笑话我。

我：仔细思量后觉得这个同事其实不会笑话你，那么还有谁会笑话你的呢？

阿生：其他没有了。想不出来，之前很多人也被老板批评了，但事后大家都没有去笑话他。

我：之前担心被批评否定之后，会有很多人会笑话你，现在想想又觉得最多就一个同事会笑话你，或许也不会笑你，现在感觉怎么样？

阿生：心里轻松多了。

我：也就是说，被否定之后，可能事情做不好，然后就会被领导批评，你最担心的就是被嘲笑，但现在看来没有任何人会嘲笑你，对吗？

阿生：对，之前这些没有认真想过，现在发现，是我自己想多了。想想有点可笑，原来之前一直没有想明白就担心会被人否定，会被人嘲笑，您这么一说，好像也没有人嘲笑我。就好像当我看到同事被领导批评，我也不会去嘲笑他，反而还想着怎么样去安慰他。

我：所以有的时候是自己给自己描绘了一个特别害怕的情景，但都经不住细细地思考。

阿生：是的。

我：如果现在你有一个意见要向领导反映，同事和你意见相左，你还会向领导表达吗？

阿生：如果是之前我不敢，现在我觉得我敢了，就把自己的观点表达出来即可。

我：为什么敢了呢？

阿生：因为每个人的意见和角度不一样，其实有相同或相反的意见是很正常的。在我们公司，经常都会有不同的意见，而且我们的领导是比较民主的，他希望听到不同的声音，其实每次开会他都有在强调这个理念。在此之前，我也经常看到很多同事提了好多不同的意见，但是我们领导并没有生气，除了偶尔几次之外。所以我想，我把真实想法表达出来，或许对公司是有帮助的。

我：你不害怕被同事或领导否定了？

阿生：现在不怕了。因为最坏的结果就是领导没有采纳我的意见。之前我担心会被同事嘲笑，但刚才你这么一问，我也觉得好像没有人会嘲笑我，因为平时经常开会时意见不同，我也没有去嘲笑同事啊，同事之间也没有彼此嘲笑的现象，可能之前想多了，总在担心这个画面，但是真的这样想了，觉得这种担心是多余的。

我：我感受到你现在很有力量去表达你自己了。

阿生：是的，之前是因为担忧被否定和笑话，导致自己不敢去表达，现在真的去想象担忧的后果之后，又觉得好像轻松了。

我：好的，我们再回到原先的问题，你最初的困扰就是在情感当中你不敢去表露你自己内心的声音，所以当你面向心仪的对象时，你会害怕被拒绝，现在呢？

阿生：因为之前经历过两次被拒绝，所以内心是受伤的，如果说现在让我去表白的话，其实我内心还是很惶恐的，还是有很多的担忧。

我：确实是会有担忧。现在让我们一起来探讨一下，如果心仪的对象就站在你面前。现在你向她表白的话，你可以吗？

阿生：我也不太清楚自己敢不敢。

我：好的，让我们进入想象场景中看看是否可以让自己有所突破。现在请你闭上眼睛，深呼吸，深深地吸气，然后慢慢地呼气，让自己的身体放松下来，随着每一次的呼吸，感受自己的身体越来越放松，越来越放松，去感受现在的自己越来越平静，越来越放松，现在请尽可能地在头脑里面想象一个画面，那就是你站在心仪的对象面前，请你看着她，可以想象这个画面吗？

阿生：可以，我感觉很紧张。

我：好的，继续深呼吸，放松，深深地吸气，吸入你想要的平静和勇气，然后慢慢地呼气，把你不想要的紧张和不自信都呼出去。好的，现在你已经平静而有力量了，已经有足够的勇气了，现在请你看着心仪对象的脸，你看到了什么？

阿生：她看着我，有些平静，好像有些期待。好像在期待我能对她说些什么。

我：好的，请你把自己内心想说的话告诉她。

阿生：我有点没把握。

我：现在，你只需要把你想说的话告诉她，仅此而已。你想对她说什么？

阿生：我喜欢你一年了，我常常暗暗地站在远处望着你。我知道你喜欢吃什么，喜欢穿什么，喜欢点什么样的外卖，我都知道。我一直在关注着你，每次看到你，我的心都怦怦直跳。看到你开心，我也会很开心，看到你忧愁的样子，我也会不开心。每次跟你讲话，都是我最幸福的时刻。我很想跟你在一起，希望你可以做我的女朋友。

我：阿生，你做得非常棒，你已经突破了自己，勇敢地表达了，当你现在把所有的话说完之后，你的感受是什么？

阿生：感觉轻松了。

我：当你说完之后，现在请你看着画面中的她，她现在是什么表情？

阿生：很惊讶，但是并没有很排斥我或者否定我的意思。

我：好的，你能想象她会对你说什么吗？

阿生：我能想到的是两种情况，一种是她很惊讶也很欣喜，接纳我，同意成为我的女朋友；另外一种情况就是她很惊讶，很委婉地拒绝我。

我：如果她接受你，那么这是满意开心的结果，如果她最终拒绝你了，你会怎样？

阿生：我想我会很受挫，内心会很受伤，会很难过。

我：是的，被拒绝，确实会很难过，难过之后你会怎么样呢？

阿生：那我就彻底打消了对我们所有美好的幻想和憧憬，不再考虑这种可能了。然后投入我自己的工作，彻底断了想她的念头，因为我已经知道没戏了，那也就不会再过多关注她，不会再花那么多的心思，这样也好，至少让我知道了结果，而不是继续这样干耗着，折磨自己。

我：虽然难过，但至少知道了结果，这样就不会继续投入那么多时间和精力，我感受到了你的伤心和一丝理智。

阿生：对，我想被拒之后，我会继续工作，可能会用工作来麻痹自己，会用一些时间来抚平自己。

我：如果被心爱的人再一次拒绝，你会怎么想？

阿生：我会觉得可能真正适合我的人还没有出现，可能我自己还不够优秀。只有优秀才配得上她吧。

我：所以一段感情，你认为只有优秀才配得上她，怎么样才算优秀呢？

阿生：工作能力出色，有房有车，至少物质上能给予保障，可是我没有。

我：物质上和工作能力上优秀才配拥有一段好的感情，是吗？

阿生：是的。

我：你确定吗？你身边很多人也拥有好的感情，这些人是不是都是物质条件好和工作能力都很优秀的人呢？

阿生：那倒不是，我的哥们儿工作能力还不如我，而且他也没有房子，还是在外面租房住的，但是他们一家三口仍然其乐融融的。

我：所以物质条件好和工作能力优秀，和好的感情并不一定对等，对吗？

阿生：想想好像也是，工作能力不如我的人，好像也很多，而且我的工作岗位也算是中层管理吧，我下属的能力和薪资都还不如我，可是他们依然过得很幸福，夫妻关系都很好，看来这和物质条件没有关系。

我：所以美好的爱情和你之前所谓的物质条件似乎没有很大关系。

阿生：嗯，刚才经过这样分析，又觉得物质基础不如我的人，工作能力不如我的人，他们也拥有美好的爱情，还步入了甜蜜的婚姻殿堂，看来这些都不是美好爱情所必须具备的东西。

我：是的，所以现在想想你认为美好的爱情需要什么？

阿生：需要彼此的理解和支持，需要彼此相互欣赏和认可。就像我哥们儿，虽然脾气不好，爱喝酒，经常加班晚回家，可是他老婆依然爱着他，依然在家里守候着他，操持着这个家，管着家里的老人和孩子，因为她理解我哥们儿就是这样的一个人。

我：所以美好的爱情需要相互的理解，支持和认可，需要接纳。那么你觉得自己可以拥有这样美好的爱情吗？

阿生：我憧憬这样美好的感情。我希望我表白之后，她如果愿意接纳我，那么我愿意理解、尊重、信任她。如果她觉得我们可能不合适，那么或许她觉得我们彼此了解不够，还不适合在一起，还没有到认可和理解的程度。

我：现在想一想，不管是什么结果，你都比较坦然了些？

阿生：嗯，感觉轻松了很多。想开了很多，早点说出来，知道结果对彼此都好。

我：你觉得，今后自己会有哪些变化呢？

阿生：感觉不会像之前那么缩手缩脚、瞻前顾后了，有什么想法，想好了就不要一直藏在心里，而是听从自己内心的声音，勇敢地去袒露出来，不要过多地去猜测或者去想象，因为我不能够预测结果，也不能够去决定。我能够做的就是这个过程当中我怎么去表达。我喜欢做真实的自己。所以，如果真实的自己被对方接纳了，我会好好珍惜。如果真实的自己不被接纳，那么我会看看需要哪些调整，但至少，我不会认为自己一无是处了。

我：看来你已经比较有力量和比较理性地去看待自己了。

阿生：所有外在的东西在感情面前并不是对等的。自己真正想要的是什么才是最重要的。我之前一直认为自己一无是处，物质上不行，能力上不行，现在看看，周围的人其实也差不多和我一样。我需要一个接纳真实的我的人，如果一开始对方就不接纳我，那么两个人勉强在一起也不会幸福。所以我现在知道我真正想要的是什么。在那个人还没有出现之前，我会不断提升自我。如果有一个心仪的对象出现，我会去了解对方，然后勇敢地真实地表达自己的心声。

我：说到这儿，你的感觉是什么？

阿生：轻松了。我想我应该朝着自己想要的目标去提升，去成为自己想要的那个人。不管别人接不接纳我，我觉得我应该接纳自己才对，你觉得呢？

我：分析得太棒了，人的一生，真正能够相伴自己左右的人，只有自己，所以请先接纳自己，当你喜欢自己，愿意接纳自己的时候，你是有力量的，你是有吸引力的，那么别人就会被你所吸引。

阿生：对，看来我需要做的是怎么样去过好我自己生活当中的每一天，去过我想要的生活，好好工作，好好生活，好好珍惜亲情和友情。爱情的话，我想该来时它终究会来的，现在我要做的就是积蓄力量去提升自我。

我：现在坐我对面的你是充满力量的、平静的和理性的你。看到你能够对自我有更深的了解和剖析，对未来有更明确的方向和目标，真为你感到高兴。

案例分析

通过对阿生不敢表白案例的梳理，我们看到了一个在工作和情感中不敢表达自我，害怕被拒绝，或者害怕被人嘲笑的自卑的人。因为种种担忧焦虑而裹足不前。这种行为上的担忧焦虑源于内心的不自信。这种不自信来源于在过往经历当中遭到的否定和质疑太多，积累的伤痛过多而没有及时清理，所以造成对自我的评价不够客观和理性，会把结果想得过分糟糕，害怕去面对，害怕再一次受伤。通过案例的梳理，发现他焦虑和自卑情绪的背后，是他过往经历的伤痛，是那种不被接纳和不被理解的需求没有得到满足。

8. 考试让我黯然神伤

从小到大，我们总是要经历各种各样的考试，其实考试主要是考验我们是否具备了相应的知识和技能，但有一些人会担心自己考不好，担忧考试结果不符合自己预期，继而联想到种种的后果，给自己描绘了一幅幅可怕的画面，让自己活在焦虑中。本案例的主人公小麦，主要的困扰是无法克服考试焦虑，那么她焦虑的背后有着怎样的需求呢？让我们一起拨开她焦虑的情绪迷雾，一起探寻困扰的真正原因。

小麦：我已经高三了，即将参加高考。面对这么重大的考试，我都会焦虑。以前的每次考试，我都焦虑，发挥不好，所以估计高考也是惨败的，可能上不了好的大学了，但我又不甘心，总觉得应该有些办法可以让我不再那么焦虑。

我：考试会给你带来很大的压力，之前考试挫败的经历让你对自己没有信心。

小麦：嗯，我也不知道自己哪里出错了，就是很焦虑。

我：在考试之前，你都会焦虑，而且每次都发挥不好，是针对所有的考试？

小麦：是的，对所有的考试都感到焦虑和害怕，不管是大考还是小考，不管是月考、单元考，还是只是测试题，反正只要涉及考试，我都担心考不好。

我：是考试之前担忧？

小麦：是的，考后就是陷入很长时间的自责懊恼中。

我：能告诉我，你考试之前你在担忧什么呢？

小麦：我怕考不好。我觉得自己水平不行，还没有准备好，不相信自己。我越害怕，结果就真的考不好。

我：你知道这种情绪会影响你，一定也很努力地去调整自己了，是这样吗？

小麦：所有人都责怪我考试太紧张了，笑我不会考试，或者用异样眼光看我，从来没有人看到我为此付出的努力，谢谢你。

我：周围人对你并不是很理解甚至可能误解你。虽然你很想做个满意的自己，表现真实的水平，已经努力地去调整自己，只不过效果都不太理想，是这样吗？

小麦：是的。我越害怕就越糟糕，所以我极力地去克制自己的害怕和担心，有机会就逃避考试，能不参加就不参加，如果请不了假，一定要参加考试的话，我就会一直暗示自己不要害怕，但还是没有用。

我：压抑和克制自己的害怕情绪，效果并不明显，那么能否告诉我，你害怕考不好，会有怎么样的后果？

小麦：考不好，就会被家人责备，被同学嘲笑，我就会更加认为自己真的不行。

我：听起来，一旦你考不好，你认为周围人都是否定你、嘲笑你，包括你也不认可自己，对吗？

小麦：对，我觉得这种结果特别糟糕，我不喜欢被否定的感觉。

我：那如果考不好，然后被否定、被嘲笑、被指责，之后会怎么样呢？

小麦：没有考好，所有人就会不喜欢我，不和我玩，就没有人爱我，我会很孤独。我不想要这样。

我：考试没有考好，就会没人喜欢你，没有人爱你，没有人在乎你，世界就剩下你一个人，孤独而凄凉，想到这样的画面，感觉怎样？

小麦：太可怕了，我不想那样。可是我不知道怎么去调整自己。

我：你给人生描绘了一幅可怕的画面，然后自己被吓到了，特别无助，对吗？

小麦：嗯，是的。

我：这种担心糟糕的结果给你造成的困扰程度有多大？如果0~10分来评估的话，0分表示没有困扰，10分是极大的困扰。你觉得自己达到几分？

小麦：10分。整个自己都是处在焦虑当中，被困住了。

我：好的，小麦，我想问如果你考不好，会有多少人去否定你？

小麦：我觉得所有人都会否定我，所有人都会质疑我，都会嘲笑我。

我：你确定所有人吗？

小麦：很多人。

我：现在把你能想到的会否定你、嘲笑你的人，把它全部罗列出来可以吗？

小麦：全部吗？

我：对。之前你认为全部的人都会嘲笑你，否定你，那么我们就一一把他们罗列出来看一看，到底有多少人？

小麦：我们班上所有同学，还有所有的老师、我爸妈、我外婆、我爷爷奶奶，还有姑姑。

我：好，把这些人的数量全部数出来，有多少人？

小麦：52 个。

我：全世界有 70 多亿人，中国有 14 亿人，也就只有这 52 个人会否定你，并不是所有人，对吗？

小麦：（不好意思地笑了）那倒也是。

我：在这 52 个人里面，哪些人是最可能去否定和嘲笑你的，或者说你比较在意的人？

小麦：家人，还有就是关系比较要好的人。

我：总共有几个？

小麦：额，12 个吧。

我：52 个人里面也就 12 个人你是在乎的。那么这些人是之前有否定或嘲笑过你的人？

小麦：我爸妈。

我：其他人之前都没有否定或嘲笑过你，但是你会害怕他们这么对待你，是吗？

小麦：是的。

我：也就是说，这 52 个人里面，其实你真正在乎的就是这 12 个人，而这 12 个人当中之前伤害过你的，只有两个人。是这样吗？

小麦：是的。

我：那么除了这两个人之外，剩下的 10 个人当中，以前从来都没有否定过你和嘲笑过你，你觉得以后会嘲笑或否定你，这种情况发生的概率多大？

小麦：不太确定。

我：同学没有考好，你会去嘲笑他、否定他吗？

小麦：我不会嘲笑和否定他们。感觉我同学应该不会嘲笑我吧，之前考试没有考好，同学们还是挺关心我的，老师也经常找我谈话，了解原因，挺关切的样子。

我：嗯，那现在可能会否定你和嘲笑你的人还有谁？

小麦：家里的亲戚会笑我。

我：他们以前笑你了？

小麦：那倒没有，我感觉如果没有考上的话，他们会很失望。

我：他们失望是为你感到惋惜，对吗？

小麦：嗯，确实是这样，我外婆、爷爷奶奶和我姑他们会失望，估计会安慰我。

我：所以他们不是笑你，不会否定你，那么再想想，还剩下谁了？

小麦：我爸和我妈。

我：这两个人之前是否定的人，而且你认为今后也肯定会再一次否定你，而且你也很在乎他们，是这样吗？

小麦：是的。

我：那么他们在你每次考试没有考好的时候，都否定你吗？

小麦：我考不好的时候会骂我，会说我怎么这么笨，会训斥我给他们丢脸。

我：你每次考不好，你爸妈都骂你，从小到大所有的考试，只要你没有考好，此次都是否定你、训斥你，是这样吗？

小麦：那倒也不是每一次，偶尔吧。比如说比较重大的考试考不好，就会骂我。

我：你印象中被父母否定过几次呢？

小麦：小升初的时候考得不是特别理想，没有考到特别好的初中，所以他们不太高兴。还有中考，我没有考到好的高中，他们也非常生气数落我。

我：还有吗？

小麦：好像没有了。

我：平时的月考、单元考、期末考试之类的，考得不太理想的时候，他们会否定你吗？

小麦：我妈偶尔会，就是看她心情，如果心情不好，刚好我又考得不好，那么她就会骂我好几个小时。

我：也就是说，这两个人当中只是偶尔心情不好的时候，刚好碰到你考不好，还有大考才会否定你、责骂你，其他时间没有一直去否定你，对吗？

小麦：是的。

我：之前你认为所有人都会否定你，现在也就剩下这两个人，而且这两个人也不是一直在否定你，只有在重大考试或者他们心情比较不好的时候，才会去否定你。你觉得他们心情不好，你又考不好的这种情况的发生概率有多大？

小麦：40% 吧。

我：也就是说，60% 是不可能发生的，60% 是不会否定你的，是这样吗？

小麦：可以这么认为。

我：好，现在想一想，你的感觉怎样？

小麦：感觉好像轻松了一些。

我：是的，从最先开始全世界的人都否定你，到现在就剩下两个人，而且现在想想才 40% 的概率发生最糟糕的结果，所以事情没有你想得那么糟。对吗？

小麦：是的。

我：那么再想想，爸爸妈妈否定你，责备你，就是不爱你了吗？

小麦：我担心会这样。

我：想想如果你爸妈有时候做出让你非常气愤或不满意事情，你就从此再也不爱父母了吗？

小麦：不会。我还是他们的孩子，否定的是事情不是否定人。

我：所以呢？发生在你身上，父母亲就不爱你了吗？

小麦：嗯，想想也对，不至于不爱我，只是对我有些失望吧。

我：所以想到这儿，你的困扰程度原来是 10 分，现在是多少分？

小麦：3 分。

我：从原来的 10 分降到现在的 3 分，你觉得自己是怎么降下来的呢？

小麦：之前 10 分，是觉得好像全天下的人都会嘲笑我，都不喜欢我，被排斥、被孤立的感觉非常糟糕，感觉没有人爱我，感觉这个世界是灰暗的。现在 3 分是因为我感觉并不是全世界的人都在关注我，都在否定我。真正否定的人，也就剩下我最亲近的两个人，他们只是太在乎了，期望太高了才会这样的，他们否定我也很正常，毕竟所有的父母面对孩子不尽如人意的时候发脾气也是正常的，我理解。而这 3 分更多的是我自己对自己的信心比较匮乏，我觉得平时自己的水平是远远超出这个分数的，所以这 3 分说明我需要去提升自信的空间。

我：分析得非常好，所以当下的 3 分困扰在于不知道如何去提升自己的信心。

小麦：嗯，我觉得我的水平是远远超出这个分数的，可是我没有发挥出来。

我：当你明明可以发挥得更好，却没有按照自己的预期去发挥的时候，你会是什么感觉？

小麦：责怪自己太笨了，怪自己没有出息，否定自己，认为自己不行。

我：好的，小麦，请闭上眼睛想象一下，如果自己考了不太好的分数，你难过和自责，你否定自己，责怪自己，这些否定和质疑的感受在你身体的哪个位置特别不舒服？

小麦：头疼。

我：好的，现在请你闭上眼睛，把自己的注意力放在头部，深呼吸，放松，深深地吸气，然后慢慢地呼气，继续深呼吸，吸入你想要的平静、智慧和力量，然后慢慢地呼气，把你不想要的着急、难过、否定等这些感觉都呼出去，感受自己越来越放松。非常好，现在请你把手放在你的头部不舒服的位置，把手的温暖带给它，让头部感受手的温度，静静地安抚安抚头部，非常好。现在请你尽可能地在脑海里去浮现一个画面，这个画面是你在以前的经历当中，让你印象特别深刻、特别难受，而且会头疼的情景，浮现其中的一个情景画面即可。让这些自然地浮现出来，不着急，慢慢地浮现出来，你会看到越来越清晰的画面，当你看清之后，请告诉我，你看到了什么。

小麦：我妈双手叉着腰，居高临下地骂我不争气。

我：请你看看这个画面，看看那时候的小麦穿什么衣服，她几岁了？是什么表情？

小麦：大概10岁，穿着小学生的校服，大声地哭，很难过的样子。

我：亲爱的小麦，此刻的你是充满力量的，因为你已经长大了，你现在有能力去保护她，可以支持她和陪伴她了，现在看着那个难过的小麦，看着这样的画面，你想要说什么？

小麦：我会走过去跟妈妈说，没有考好又不能说明什么，没有考好，本身已经很难过了，为什么还要去数落她，每个人都不可能做得那么优秀和完美，不可能每次都考好，就像妈妈，您不可能每一次工作都那么优秀、那么出色，你也有失误的地方，不是吗？

我：说完之后，你妈有什么反应？

小麦：还是很生气，扭头去厨房了。

我：好的，请你转身再看一看身边的那个小麦，她是什么样的反应？

小麦：眼里含着泪花，在那边小声地抽噎着。

我：现在想对小小麦做什么吗？

小麦：我想抱着她，静静地抱着她，她好无助好可怜，好难过，好伤心，本来她没有发挥好，就已经够难过了，结果妈妈却没有安慰她，而是去数落她、训斥她，她感到特别的伤心。

我：好的，你抱着她，安抚她，感受她的伤心和难过，你愿意邀请她去一个放松的、美丽的地方去释放心情吗？

小麦：愿意。

我：她愿意跟你去吗？

小麦：愿意。

我：你想带她去哪儿？

小麦：带她去枫树林看红红的枫叶。

我：好的。现在我们看到的画面就是你拉着小小麦的手，站在了整片的枫树林里，火红的枫叶宛若红霞，非常漂亮，徐徐的微风吹着，空气中弥漫着轻松和惬意、轻松的气息，你看看小小麦是什么样的反应？

小麦：有些开心。

我：现在，你问一下她，在这么美丽的地方，是否愿意把身上所背负的种种的难过、伤心、沮丧、无助、迷茫等这些不舒服的感觉和伤痛卸载下来，随着风吹散掉？

小麦：愿意。

我：好，请你看着她，从头到脚，从上而下，把她所有背负的这些不舒服的感觉和伤痛都卸载下来，然后慢慢地被风吹散，吹得越来越远。确保都卸载掉了。

小麦：（一分钟左右）嗯，都卸载完了。

我：好，现在再看看小小麦是什么样子？

小麦：非常天真地笑了，还挠我痒痒，和我嬉戏打闹。

我：现在请你拉着小小麦的手，告诉她，不管这个世界别人如何看待你，我永远都会陪在你身边，给你力量和依靠。我会保护你，当你需要我的时候，我都会出现陪在你身边。我会看到你，感受到你，爱护你，认可你，接纳你，理解你，陪你一辈子。

小麦：嗯，她抱着我。

我：非常好。画面定格在这片枫树林里，你们彼此相拥，彼此信任。你感受到肩上多了一份责任和力量，你知道未来的日子里，你会一如既往地去保护她，陪伴她，给她力量，你相信自己可以做到。你相信自己会慢慢地积蓄越来越多的力量，你相信自己越来越有智慧和能量。请记住这份美好的、放松的、有力量的、自信的感觉，把这种感觉深深地印刻在你的身体里。当你睁开眼睛醒来的时候，你会深深地感受到这种力量感和自信感，这种感觉一直都在你的身体里。现在我倒数5个数，你会慢慢地睁开眼睛。5、4、3、2、1，慢慢地睁开眼睛。现在感觉怎样？

小麦：舒畅和轻松。

我：好的，小麦，这种感觉一直都会在你的身体里，它一直都会带给你力量和自信，在未来的日子里，它一直都会陪伴着你，鼓舞着你。

案例分析

通过以上小麦的案例，我们发现，人有的时候常常会困惑于把事情想得过于糟糕，从而使自己不堪一击，当我们对事情持不确定性态度，感觉不被自己控制的时候，我们就会产生焦虑、害怕、无助，那么实际上拨开这些焦虑、害怕和无助感的迷雾，我们看到这些不确定感，往往经不起认真地去推敲。焦虑情绪的迷雾背后恰恰是由于过去的伤痛所带来的伤痕。由于过去不被认可，不被关爱，尤其是不被接纳，所以当这些需求没有被满足的时候，负面情绪就自然而生。所以通过拨开这些情绪的迷雾，我们看到了过去伤痛对一个人的影响，是那些不被满足的需求一直在呼唤和捣乱，所以我们需要去看见它们，接纳它们，满足它们。

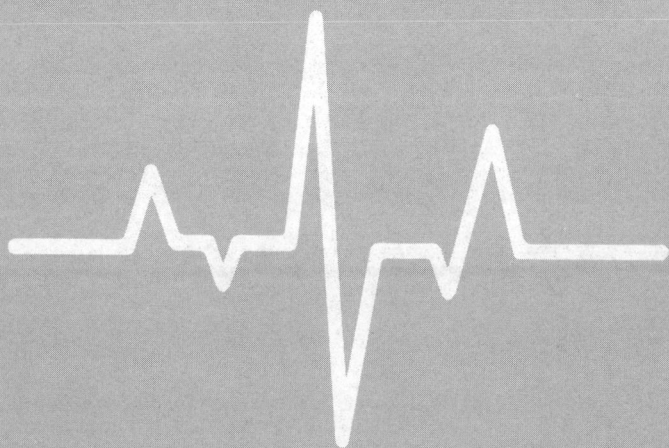

第三篇

拨开愤怒的迷雾

1. 玩游戏的老公

一段感情从爱情步入婚姻，我们常常憧憬着爱情和婚姻是同样美好的，但是当我们真的步入婚姻之后，我们又常常希望对方可以为自己继续付出和改变，尤其是改变那些让自己不太满意的毛病，而通常我们可能忘记了对方原来的样子，那些婚姻中的毛病可能是爱情中就存在，但却不以为然或者欣赏的特点。本案例中的主人公小叶，和爱人结婚一年后常常对爱人只顾玩游戏这事感到生气，甚至愤怒，觉得婚姻快走到了尽头。她常常因为小事发脾气，尤其看到丈夫玩游戏就生气。她想改变丈夫，但批评指责、打骂、好言相劝等方法都没有任何的效果，到底是什么困住了她？让我们一起拨开愤怒情绪的迷雾，解开背后的谜团，了解事实的真相。

小叶：这一年来，我觉得自己越来越活成了我最不想看到的样子。

我：你对这一年的生活感到不满意。

小叶：非常不满意，跟我想得完全不一样。

我：你原本想的是怎样的呢？

小叶：我想的画面，是和爱人朝夕相处、相敬如宾，然后一起看着夕阳西下，相依相偎，可是现实生活中我发现我的老公并不是这个样子。

我：能和我具体聊一聊，他现在是什么样子呢？

小叶：他除了上班时间之外，回到家就是玩游戏，什么都不管，这就是我最看不惯的。

我：你觉得你老公玩游戏冷落了你，忽略了你？

小叶：对，想一想他玩游戏时那种热衷的表情，远远胜过于我，我就非常

127

气愤。

我：他玩游戏让你困扰，你对此感到生气，如果 0~10 分来评估的话，0 分表示一点都不生气，10 分表示非常强烈的生气，你觉得自己达到几分？

小叶：10 分。只要一想起他玩游戏的画面，我就感觉气得话都说不出来了。

我：那你希望他除了上班时间之外，是个什么样的呢？

小叶：下班之后和我一起分担家务活，然后陪陪我，和我聊聊天，吃完晚饭之后去楼下散散步。

我：所以现实当中，你老公并没有按照你想象的去做，只顾玩游戏。那么除了玩游戏之外，他还有哪些让你生气的事情呢？

小叶：还有就是他特别是听他妈妈的话，我的话不太好使，不过这都是其次，毕竟我没有跟婆婆生活在一起，这都不是太大的问题，现在最重要的就是怎么样才能够让他不再一直沉迷于游戏，能够让他多关注我。

我：为了让他不再玩游戏，我感受到你一定为此付出了很多的努力，对吗？

小叶：对啊，我劝过他，我骂过他，我不理他，和他冷战好多天，或者哄他，好言相劝等，我都试过了，但是效果都不好，他依然我行我素，下班回来之后继续玩着他那些破游戏。所以我的脾气就越来越不好，只要看到他一下班，我就发火，我就冲他嚷嚷，但是他没有任何改变。我觉得每次看到如此生气的自己，我都特别厌烦，我不喜欢这样的自己。

我：听你的描述，他下班回来之后就一直在玩手机，都没有停下来过，是这样吗？

小叶：对啊，感觉都没看我，他就没有停下来过，你说气人不气人？

我：你为这个家付出了那么多的努力，下班回来之后他竟然都没有关注到你，看到你的付出和努力，这确实会让人生气。不过你确定他下班回来之后就没有停过玩游戏的行为吗？

小叶：他确实是一直盯着手机玩游戏的，玩得热火朝天，还不时喊喊杀杀的。

我：你确定是一直吗？从下班到家一直到睡觉的这几个小时内，他就没有离开过手机屏幕，是吗？

小叶：那倒也不是，他会吃饭，然后洗澡。

我：好的，小叶，我们来捋一捋，你老公从回家到晚上睡觉的时间，你数一数这有几个小时？

小叶：6 点回到家到晚上 12 点睡觉，有 6 个小时。

我：好，在这 6 个小时里面，他总共看手机的时间大概有多长？

小叶：除了吃饭洗澡，然后给他妈妈打电话，这些时间之外差不多 4 个小时。

我：也就是说，他有 80% 的时间是看手机的，但是依然有 20% 的时间是腾出来的，他并没有百分百地只顾看手机，只不过他没有过多的时间关注在你的身上，是这样理解吗？

小叶：对。

我：吃饭、洗澡、打电话这三件事情，他都没有和你交流，或者没有跟你讲过话吗？

小叶：那倒也不是，吃饭时会跟我说话。

我：这个要多长时间？

小叶：吃饭需要半个小时左右，基本上他吃饭的时候会跟我聊天。

我：洗澡和打电话之外，都没有再多余的一句话跟你聊天，是吗？他也都从来不干任何家务活？

小叶：也不能说从来不做，他有的时候会做。

我：什么情况下会做家务活？

小叶：比如说他看我工作很忙很累的时候，他就会去晒衣服，会洗碗。

我：所以他有的时候会关注你累不累、忙不忙，还是会体谅你，然后帮你分担一些的，对吗？

小叶：是的。现在想想也确实是有我的一部分问题，因为结婚以来基本上都是我自己大包大揽所有的家务活，而且我跟他说家务活我来做，因为他上班很累。

我：所以你是一个非常体贴的妻子，你老公也肯定能感受得到。

小叶：对，他一直说能娶到我，他觉得很幸福。

我：由于你包了很多的家务活，所以他觉得下班之后可以很放松自己，可以玩他的游戏。

小叶：嗯，他有说他上班很累，因为他是 IT 男，所以上班的时间基本上 8 个小时都是没有休息过，一直都在用脑，我能感受到他的疲惫。

我：正是因为你非常体贴和贤惠，所以他才可以回到家那么自在和放松。现在你希望的是他在放松玩游戏之余，还需要关注到你，是这样吗？

小叶：对，我觉得我对他的需要好像改变了。

我：有哪些改变呢？

小叶：以前我觉得和他在一起只要他开心就好了，现在我发现我特别在乎他有没有关注到我，我希望他开心，我也要开心。

我：看到他玩游戏很开心，你并不是特别开心？

小叶：对，我会觉得为什么我要这么累，为什么你可以放松，我也想放松。

我：确实，你也上班一天，回到家还要做这么多的家务，而他却可以放松，所以你觉得心里有些不平衡，希望彼此分担？

小叶：确实是，所以我就跟他吵起来。

我：结果呢，他什么反应？

小叶：他就说我怎么这么无理取闹了，之前都不会这个样子。再后来他就不怎么理我，不怎么和我说话，然后我就觉得他根本就没听见我的话，或者他根本就不想理我，所以我就更生气了。

我：你和他吵，结果他却不理你，所以引发你更大的不满。

小叶：是的，他不理我，我就觉得他越来越不关心我，在乎我了。

我：我感受到你在害怕，对吗？

小叶：我确实是害怕的，我害怕有一天我们真的会分开，这是我最不愿意看到的，因为我根本就不想和他分开，其实我非常非常爱他。

我：这段感情你非常珍惜，你想试图去改变他。

小叶：对，我想改变他，可是我改变不了。

我：我能感受到你的无助。

小叶：嗯，我确实挺无助的，我什么招都使了，可是他还是这个样子。

我：好的，他除了玩游戏这一点你感到不满意之外，其他还有吗？

小叶：其他方面总体上没有太多意见，他很体贴，很温柔，待人也很热情，很诚恳。工作也踏实，很上进，工资也都基本交给我保管，对我爸妈也很孝顺，我家人都很喜欢他。

我：说到这儿，看你不自觉地笑了，一脸幸福的样子。

小叶：现在想来，确实嫁给他还是挺幸福的事情。

我：那么对于他玩游戏这一点不满意，其他都满意，但是你仍然觉得他需要去改变这一点。我是不是可以理解为他必须按照你的样子生活呢？

小叶：（沉默）好像是这样，是不是我要求太高了？刚才这么一分析，他其实是有关注到我，有和我交流的，只是我感觉还不够而已，所以我之前非逼着他放下手机，我觉得我对他似乎太苛刻了。

我：怎么苛刻了呢？

小叶：现在想想，我要求得太多了，同事朋友都羡慕我嫁了这样的暖男，可是我竟然还不满足，一再去跟他闹，而且也只是为了玩手机游戏这点小事，就像您刚才说的，他只是玩了几个小时而已，而且他也只是想放松，毕竟工作那么辛苦，可是我做了什么呢？天哪，我竟然不允许他放松，他工作这么累，也只有在家里才能够真正地放松下来，他才能够感受到真正的快乐，而我竟然连这点需求都不愿意给他，我不知道自己怎么会变成这个样子。

我：你似乎觉得应该要允许他存在一些缺点，而不是那么完美，对吗？

小叶：是的，经过这样的梳理，我发现我好像是不是太过于追求完美了，不允许有任何的不如意或者不完美，因为现在我觉得他已经90%接近完美了，而我却还在要求他百分百完美。现在想想有些后怕。

我：后怕什么？

小叶：他已经这么优秀了，如果我再要求他完美的话，那么，假设他是完美的人，那我该担心这么一个完美的人会不会被别人抢走，他也会厌烦我这么管他。我不希望他最终离我而去，因为我也知道没有完美的人，我自己也不完美，所以我要求他完美的时候，而我自己呢？恰恰还在原地踏步。

我：所以你发现了自身的问题，是对他过于苛刻和追求完美。

小叶：对，现在想想真的是我自己的问题，我太过追求完美了。不仅是对我老公，对我的工作，我好像也是这样，所以我也为此很苦恼。

我：在工作上，因为追求完美，让你产生很多困扰？

小叶：对啊，因为我不允许自己犯错误，所以一再地去改自己原本写好的文件资料，一直在修改，可是最终错过了方案提交的时间，然后我又会非常后悔和伤心，并且因此被领导批评和指责，带来了更大的压力和负担。我也在想，我为什么要给自己那么大的要求呢？毕竟领导也说只要我们按时提交即可，毕竟初稿之后大家可以讨论，可我就是忍不住想要把它做得很完美。这样的事情还有很多很多，我才把自己搞得特别憔悴，特别生气，常常对自己生气，觉得自己怎么这么差，怎么这么失败，这点事情都做不好，还怎么混？

我：说到这儿，你觉察出你的问题出在自己的需求太高，追求完美，而且给你带来了种种的困扰，所以你想寻求改变。

小叶：是的，我必须要去改变自己。我的婚姻、我的工作都是我最重要的部分，所以我不想再活成过去的那个自己了。

我：好的，小叶，接下来，请你放松身体，轻轻地闭上眼睛。深深地吸气，然后憋住5秒，再缓慢地呼气。继续深呼吸，非常好。让自己的身体慢慢地平静下来，感受身体的平静和智慧。现在请你尽可能地去回忆，从小到大的经历中，有没有一些类似这样被苛责、担心自己不好的情景或画面，让他慢慢地在你的脑海中浮现。不要着急，慢慢地去回想，慢慢地去感受它，你身体的记忆会慢慢地呈现出来。当画面浮现出来的时候，请告诉我，你看到的是什么。

小叶：我看到我爸的样子。

我：看到你爸是什么样子呢？

小叶：他很凶地骂我，说我一点都不争气，怎么连这道题都会做错，骂我太粗心，不懂得检查，考试考这么差，边骂边用竹梗打我后背。（流泪）

我：说到这，我感受到你的难过和伤心。那个画面当中的自己是多大的年龄？

小叶：那时候我读小学三年级，期末考试没有考好。

我：你看到那个小小的自己被父亲骂，是什么表情？什么反应？

小叶：哭得很伤心，边哭边反驳自己不是故意的，可是我爸不听，他根本就不听我的话，每次只要我达不到他的要求，他都会凶我，这一次，他竟然打我，而且打得特别疼。

我：看到她哭得这么伤心，被爸爸打得这么疼，她是多么无助。亲爱的小叶，现在的你已经长大了，是成年人了，现在的你已经是充满力量和爱了，已经有能力去保护那个小时候的自己了，现在看到弱小的她，你的感受是什么？你想做什么？

小叶：我很愤怒，怎么可以这样对待一个孩子，我想冲过去，然后把我爸手上的竹梗夺走，然后带着她离开家。

我：好的，就按你的想法去做，现在你就可以冲过去，听从你内心的声音去做。

我：（一分钟后）现在你看到了什么？

小叶：我抢了我爸手上的竹梗，带着她离开了家，她还在那边很伤心地哭，现在我们站在我们家山坡上，那边很多的竹子。她蹲在那里一直哭。

我：你想对她说什么或者做什么？

小叶：我过去抱着她，然后跟她说，"不要哭了，不就考试没考好吗？我知道你已经很努力了，已经尽力了，不可能每一次都考第一名呀，允许自己有不太顺利的时候。爸爸根本就不理解你，他没有文化，不懂教育孩子，只会怪你打你骂你，这样的爸爸真的非常可恶。"

我：很好，你抱着她，说完这些话之后，她有什么反应呢？

小叶：她好像没有再哭了。

我：她能感受到你的理解和支持。现在你是否愿意带她去一个她特别想去的、特别放松的地方让她去释放这些伤痛？

小叶：嗯，愿意。

我：去哪里呢？

小叶：我想带她去姑姑家背后的桃林，她最喜欢桃花了，看到整个林子都充满了粉色的桃花，就觉得自己活在了童话世界里。

我：好的，现在请你邀请她，看她是否愿意和你一起去。

小叶：她愿意。

我：很好，现在请你拉着她的手，走到那片桃林。现在呈现在你们面前的就是桃林，你们站在了桃花的世界里，现在再看看她什么表情？

小叶：她笑了，笑得特别开心，还跟我说，你看我可以把桃花吹得跟雪花一样美，然后手捧着好多的桃花，像仙女散花一样撒着花瓣。

我：我能感受到你们的愉悦。在这么美丽而放松的地方，你问她是否愿意把她过去背负的种种的伤痛，所有的伤心难过、痛苦、被训斥、被责罚等通通从身体上卸载下来，然后被风吹走？

小叶：她愿意。

我：很好，你看着她从上而下、从头到脚，把全身上下所有背负的伤痛通通都卸载下来，一个都不剩，然后把它揉成一团，迎着大风吹向远方。

小叶：（一分钟后）嗯，吹走了。

我：现在你再看着她，她什么表情？

小叶：她很开心。然后拉着我的手，把一片粉红色花瓣放在我的手心里。

我：她很信任你，也很喜欢你。对吗？

小叶：是的。

我：接下来，请你真诚地告诉她，现在我们已经把所有的伤痛都卸载掉了，现在你可以尽情地放松，做回真实的自己了。你所有的经历我都看见了，你之前所有的痛苦和努力，我都看见了，感受到了，我现在有力量保护你，从今以后，我会一直陪在你身边守护你，给你力量，给你关爱，只要你有需要，我随时都在。说完之后，给她一个大大的拥抱。

小叶：嗯，她也抱住我了。

我：非常好，画面当中你们两人彼此相拥，彼此信任。在美丽的桃花世界，感受着宁静、美丽和放松。把这份美好的感觉印刻在你的身体里，记住它，记住平静、支持和力量感。然后深呼吸放松，我会倒数5个数，之后，你会慢慢睁开眼睛。当你醒来之后，你会感受从来没有过的放松和平静，你会感觉自己特别有力量和有智慧。5、4、3、2、1，请慢慢睁开眼睛，非常好。现在什么感觉？

小叶：特别放松，觉得很舒服。没有包袱和压力的感觉，真爽。

我：任何的情绪都会有身体的记忆。我们不需要去遗忘它，但是我们需要看到它。每个人都有被看到和被理解的需求，当我们真的去看到过去的那个自己，我们才会更好的疗愈自己。

小叶：您说得非常对，我现在特别理解，我为什么对我老公这么苛刻了，现在还挺自责的。

我：看到你能够这样释然，真好。现在对待你老公这件事情，你的气愤程度是多少分？

小叶：一点都不生气了，还很心疼他，很想现在就冲回去，然后抱抱他，和他道歉。

我：从原来的10分降到0分，你觉得是如何降下来的？

小叶：我理解自己的行为了，我知道，原来是我过去背负的伤痛在影响着我，是因为过去不被理解和支持，以及被我爸的过多要求深深影响着我，我才会这么苛责我老公，这么苛责我的工作，现在我释然了。活着应该轻松一些，没有必要做那么完美，幸福快乐才是最重要的。

我：非常棒，每个人都是不完美的，每个人都有过去背负的创伤，当我们看见了、理解了、接纳了，才会真正的疗愈自己，活成自己真正想要的样子。

案例分析

通过对小叶案例的梳理，我们发现，原本由于对老公玩游戏这件事情的不满而感受到的愤怒情绪，其实真正藏在情绪背后的是对自己过于完美的苛求认知，而这份苛求是源于过去童年当中的创伤，是源于不被理解和不被接纳，从而影响到了现在对爱人和对工作的渴求。所以拨开愤怒情绪的背后，我们看到的是童年经历当中理解和接纳的需求没有被满足。

2. 宝宝不要再哭了

我们大多数人都特别期待小宝宝的到来，当宝宝真的降临，成为家庭一员后，很多新婚小夫妻可能又发现不知道该如何为人父母了。第一次为人父母，常常会不知所措，有开心，有忐忑，有焦虑，也有烦躁。正是因为这些经历，让我们对人生多了一份体验，也多了一份爱的联结。但有的时候我们又常常感到无助，不知道应该如何去应对宝宝的诸多问题。本案例的主人公阿平，第一次当爸爸，原本喜悦兴奋的他慢慢地被急躁和愤怒取代了，看到宝宝哭闹不止，他就会头疼。那么到底应该如何调试自己，如何安抚宝宝，让我们一起来拨开阿平愤怒情绪的迷雾，探求困扰的真相。

阿平：我很困扰，我不知道怎么样去安抚小孩，即使我看了很多育儿书，看了很多介绍新手爸妈哄小孩的课程，但是我还是没有办法安抚孩子，一听到哭闹声，我就莫名的愤怒。

我：你觉得自己努力了，但是依然找不到对症的方法，我感觉到你的无力感，是这样吗？

阿平：对，我觉得我已经够努力了，我请教了很多人，看了这么多书，都没有用，一想到这些，我就特别烦，一下班看到家里这种环境就烦。

我：你说的这种环境是怎么样的？

阿平：上班非常累，一下班回到家特别想放松的时候，就看到家里面乱糟糟的，宝宝的东西到处都是，因为我妻子不是很会收拾家务，然后，就会听到宝宝在那边哇哇地哭，我就觉得特别烦。为什么宝宝就不能安静一会儿，让爸爸休息一下呢？

我：下班之后看到家里面杂乱的环境，听到宝宝的哭声就很烦躁。每次都是这样的情况吗？

阿平：大部分时间都是这样的。

我：宝宝现在多大？

阿平：五个多月了。

我：你希望回到家，看到怎么样的宝宝呢？

阿平：特别乖巧，然后静静地躺在摇篮里，特别可爱，特别萌，特别想抱他那种感觉。

我：所以现实看到的跟你想要的不一样。

阿平：对。

我：你需要的是安静乖巧不哭闹的宝宝，但是现实并不是这样子，现实没有满足你这样的需求，孩子的哭闹引发你的无力感和挫败感，所以你会感觉到愤怒，可以这样理解吗？

阿平：确实是这样的。

我：我们人的情绪常常都是因为我们的需求没有被满足而导致的。你的需求是宝宝安静乖巧不哭闹。请细想一下，对五个月的宝宝，他能够做到吗？

阿平：（沉默）好像做不到。

我：为什么你认为宝宝做不到安静乖巧不哭闹呢？

阿平：感觉宝宝哭闹好像是很正常的一件事情。

我：你觉得哭闹是正常的，跟你的需求有什么关联呢？

阿平：哭闹是常态，我的需求反而是很难做到的。

我：嗯，你觉得难在哪里？

阿平：对于五个月的宝宝来说，他又不会讲话，饿了或拉臭臭了，那肯定是要哭的呀，俗话说，会哭的孩子有奶喝。所以哭哭闹闹应该是很正常的情况。

我：所以你觉得你的要求太高了，是这样吗？

阿平：现在想一想，好像我希望他乖乖的、不哭不闹，是有点过分了，因为宝宝大部分的时间都在睡觉，他其实也有安静的时候。可能是我关注的点不对，就是刚好我下班的时候，基本上是睡醒的时候，他醒着的时候肯定就会拉呀，要吃奶，所以哭闹这种情况是正常的。

我：所以你觉得下班看到宝宝在哭闹，又觉得可以理解了，对吗？

阿平：现在想想，确实是这样子，因为我很多同事和朋友的家里面，他们的宝宝也都是这样的情形，所以不是宝宝的问题，是我自己的问题了。

我：听你这样分析，你觉得问题出在你身上？

阿平：是的，因为宝宝哭闹很正常，我不知道为什么特别希望他静下来。可能是工作很烦心，所以我想找一个轻松的环境，但是我又隐约感觉不全是这样的问题。

我：你感觉到还有什么问题呢？

阿平：我的工作让我烦心的事不多，而且我基本上都不会轻易地把这种不顺心的情绪带回家，我相信自己处理问题能力还是有的。但是一听到孩子哭闹，我就会烦躁，莫名的生气，这跟工作没有关系，我觉得还是自己的问题，为什么听到孩子哭闹我就会烦，而且不仅仅是我家的宝宝，包括别人家的宝宝只要一哭闹，我都会特别特别烦躁，也会特别生气，就会怨别人怎么管教孩子的，怎么可以让孩子这样哭？

我：所以你的困扰就在于，为什么孩子哭会引发你的烦躁和生气的情绪，对吗？

阿平：对，我不知道为什么，我也试图去分析原因，但找不出来。正常情况下，孩子哭是很正常的，我理智上能够理解，但是我就是感觉自己情绪很强烈，就一听到哭声，我就很生气，而且就特别想发泄，特别想怪罪别人，怪孩子的家长没有积极采取有效的办法让孩子安静下来。

我：在对待孩子哭闹方面，你觉察到自己的情绪比较强烈。那么你觉得从小到大，父母亲对待你是什么样的？

阿平：我父母对我管教比较严格，从小到大对我要求很多，尤其是我妈，常常约束我。

我：对你父母的这种管教的方式，你之前采取什么样的一个态度？

阿平：小的时候是抵抗，甚至怨恨我父母。然后现在长大了，好像也比较淡然了，看开了，觉得都过去了，他们都是为了我好。但是说实在的，我不是特别能接受他们的这种方式。

我：所以你不太认同父母亲对你管教的那种方法。

阿平：是的。

我：那么父母亲对待你的宝宝是什么样的一个态度呢？

阿平：我爸妈对我的孩子是特别宠，基本上能抱着就绝不让他自己躺着，感觉对他特别好，充满着爱的感觉，而且如果我们小两口对孩子照顾不周时，比如说生病了什么的，他们就会数落我们，责骂我们好长一段时间。

我：你能感受到父母亲对待你孩子的关爱，那么他们责怪你照顾不周的时候，你能理解和接受吗？

阿平：他们怪我们没带好孩子是出于关心和爱护，但是孩子生病很正常，他们的行为有点过了。

我：所以你对他们过于苛责的行为，还是不太能接受？

阿平：对呀，要求那么高，我达不到。哪有孩子不生病或者磕磕碰碰受伤的啊？

我：对于他们的要求，你感受到无力感，因为达不到，是这样吗？

阿平：确实有些无力和无奈。

我：从小到大，当你达不到他们要求的时候，会出现什么结果？

阿平：母亲就会一直在旁边数落我，感觉没完没了一样，感觉我做错了天大的事情一样，我就会觉得我什么都不是，甚至曾经怀疑自己是不是他们亲生的，感觉他们对我要求这么高，不允许我表现不好，他们真的都没有好好理解我，尊重我。

我：你希望他们能够理解和接纳那个达不到要求的无助的自己。

阿平：（苦笑）他们是不会的。

我：我感受到你眼里还有一丝的愤怒。

阿平：谈到这个话题的时候，确实有一股火憋在心里。

我：好的，深呼吸，放松，深深地吸气，然后慢慢地呼气，再深呼吸，吸入你想到的理解、尊重、接纳和平静，然后慢慢地呼气，呼出你不想要的责备、不被理解、不被尊重、烦躁、无助等，把你不想要的呼出去出去，让自己慢慢放松下来，让身体慢慢平静下来。非常好。现在请闭上眼睛，继续深呼吸，然后在你脑海当中尽力回想以前父母亲对待你让你不满的画面。不着急，慢慢来，让画面慢慢地自然地浮现在你的脑海当中，逐渐清晰起来，当你有看到画面的时候，请告诉我你看到的画面是什么样的。

阿平：在我5岁的时候，我把我妈非常心爱的裙子给弄得很脏，沾了很多泥巴。我妈非常生气，打了我两巴掌，然后不让我吃饭，就一直在那唠叨责骂我，我哭着解释，但是她根本不听，不允许我辩解。

我：看到这个画面，看着这个 5 岁的小小的自己，他此刻是什么表情？

阿平：愤怒，还有隐忍，他忍着伤痛，他背负着这种不被接受的压力，他想大肆宣泄释放，却又不敢，感觉挺无助的。

我：好的，阿平，现在你已经长大，已经是成年人了，现在的你是有力量的，有能力去保护那个小小的自己了，现在看着这样的画面，你可以过去帮助那个小小的自己吗？

阿平：可以。

我：你会做些什么呢？

阿平：走过去，把他抱起来，安抚他，哄他开心。我也会数落我妈。

我：你会怎么数落你妈呢？你会对她说什么？

阿平：小孩子犯错不是很正常吗？一点点小事就揪着孩子不放，难道当父母的就可以这样伤害孩子吗？你懂不懂这样对孩子造成多大的伤害，难道你就没有错吗？你为什么就不能接受孩子的错误呢？再这样责备打骂孩子，你会后悔的。从现在起，我绝不允许你们再这样打骂他。

我：当你说完之后，你看到你妈是什么反应？

阿平：我妈有点错愕，我比她还高，我感觉她其实有点怕我。然后她让我不要管这个闲事，说小孩子犯错误就应该要好好批评管教，但明显语气软下来了，也没有像之前那么强势了。

我：好的，那你接下来会怎么做？

阿平：我说完之后就抱着他离开了。

我：你想抱着他想去哪里？

阿平：去一个有瀑布的地方，很清凉，很安静，一个花香鸟语的地方，远离城市的喧嚣，远离父母的吵闹，离家特别特别远的一个山谷里面。

我：好的。你再看一下那个小小的自己，他现在是什么反应？

阿平：他很开心，也很感激。

我：他很感谢你，很信任你，那么看着他之前所受的伤害，他是那么的痛苦和难过，现在请你试着问他是否愿意在这个清静的、远离家的地方，在只有你们两个人的世界里面，让他把身上背负的过去种种的伤痛，通通都卸载下来，然后随着水冲走？

阿平：他很愿意。

我：好的，现在请你看着他从上而下，从头到脚，把身上种种的伤痛，种种的不开心，包括那些被指责、被打骂、不被支持、不被肯定、无助焦虑、难过伤心等所有的伤痛通通都卸载下来，然后扔在水里，看着这些伤痛被水冲走。

阿平：全部都被水冲走了，全部都卸下来了。

我：此刻那个小小的自己是什么表情？

阿平：他是开心的，我也开心。

我：你做得非常棒！现在请你拍着他的肩膀告诉他，你会一直在他身边保护他，永远陪着他，只要有需要，你都会义无反顾地支持他，给他力量和勇气，然后看看他什么反应。

阿平：他点点头，眼神坚定充满力量地看着我，说谢谢我。

我：非常好，在这样清静、放松的画面中，你们两个彼此信任，你感受到了更多的责任和力量，你也相信未来的你会更有能量和勇气。然后记住这样的画面，记住充满力量的放松和平静的感觉，接下来，当我倒数 5 个数之后，请你再慢慢地睁开眼睛。当你睁开眼睛以后，你会感觉到从未有过的宁静和放松，你会感觉到自己浑身充满了力量，觉得自己有能力去面对和解决当下的困扰。现在请深呼吸，让自己放松。5、4、3、2、1，请睁开眼睛舒展一下自己的身体，现在的感觉怎样？

阿平：感觉到放松和平静，就像睡了一觉，很久没有过的那种放松和惬意。

我：那么通过刚才的梳理，以及借助刚才的画面，我们再一次回到了曾经的过去，去面对那些伤痛，现在都卸载下来了，此刻的你是轻松、有力量和智慧的。那么我们再回过来看看，对于宝宝哭闹这件事情，你怎么看？

阿平：现在想想，已经感觉不困扰了，就觉得是正常的状况而已，我特别想回去抱一抱我的宝宝，哄一哄他。他都可以这么大声哭来勇敢地表达他的需求，作为爸爸，我应该调整自己，包容他、接纳他、呵护他，让他能够健康快乐地成长。

案例分析

阿平最初因为宝宝哭闹而愤怒，引发他的烦躁生气的情绪，我们通过梳理才发现，除了他的需求太高之外，更多的还有来自原生家庭的创伤，所以很多情绪的背后，我们看到的是源于需求的不满足，而很多需求的不满足，恰恰是根源于我们从小到大在原生家庭里面，所没有被满足需求的再一次触动。因此我们需要回到过去，去面对过去的伤痛，面对它才能够疗愈它，通过本案例的梳理，拨开烦躁生气的情绪，真相是来自原生家庭中爱和接纳需求的不被满足。

3. 他怎么可以扔下我？

在人生旅程中，最痛苦的莫过于失去最爱的人。面对至亲离世，我们常常感受到孤寂和伤痛，很难短时间内接受这样的一个现实，尤其是当对方突然离去，对家人所造成的伤痛更大，因为还有很多未完成的事情还没来得及去做，对生者而言，是莫大的遗憾。本案里的主人公阿珍，对于自己爱人的突然离世，无法接受，她觉得对方不可以就这么走了，她还有太多太多的事情还没有去完成，还有太多的夙愿，也还有太多的误会还没来得及澄清和解释，却已经阴阳相隔，她对爱人的突然离去最突出的情绪是愤怒。通过本案例的梳理，我们一起探寻阿珍愤怒情绪背后的真相。

阿珍：我的家人一直劝我来做心理咨询，在他们眼里，我的行为是非常不正常的。我想问您一件事，我真的不正常吗？我只是生气、愤怒，难道不应该吗？

我：嗯，特别能够理解您此刻的心情，您只是表露出了您内心最真实的情感。

阿珍：对呀，我只是听从我自己内心的声音，我就是觉得很生气啊，他怎么可以这样不负责任，一走了之，没有想过他是这样的人，没有担当，没有责任心。

我：您对他采用的这种方式不满。

阿珍：对啊，你想想，我们的孩子还那么需要他，他的工作还那么需要他，而他仅仅因为不相干的人而去操心，结果把命都搭进去了。他有没有想过自己的家人，为了不相干的人而抛弃自己的家人，怎么可以这样？

我：是的，您认为他这么做，没有顾虑到家人，是很不负责任的行为。

阿珍：对呀，这么多的责任全部压在我一个人身上，我怎么办？我一个四十多岁的女人，怎么可能完全有能力去维持这个家？他把这么大的一个家扔给我，孩子又快高考了，成长中这么关键的时刻谁来引导他？父母亲又年老体弱，谁来伺候他们？难道都靠我一个人吗？我承担不了这么多责任，我没有那么强，我又不是他，怎么可以这样都扔给我，实在太过分了。

我：确实，家庭的这份重担压在您身上，我能感受到您的责任和艰辛。您担心自己没有能力胜任和维系这个家庭，感到无助，对吗？

阿珍：我觉得自己完全没有信心可以撑起这个家，我也从未没有想过有一天我是家里唯一的顶梁柱。

我：嗯，确实非常艰难，您一定很伤痛和无助。

阿珍：（眼泪夺眶而出）我真的不行，我做不到。

我：（握着她的手）真的非常不容易，我知道您的痛苦和伤痛，您已经很努力在支撑了。我看到了您的付出和隐忍，忍受内心的伤痛去面对生活。亲爱的阿珍姐，难为您了。（对方哭泣宣泄约10分钟后）现在请您试着深呼吸，放松自己，对，就这样，非常好，深深地吸气，慢慢地呼气。再深深地吸气，慢慢地呼气，让自己的身体放松，现在请扫描下全身，感受下，在您身体的哪个部位最不舒服？

阿珍：心好痛。

我：好的，请把双手放在胸口的位置，然后就像妈妈安抚新生的宝宝那样，去安抚它，用手的温暖去关怀它，把手的温暖和力量带给它，抚摸它，关怀它。然后告诉它，"亲爱的，我感受到了心痛，我感受到了你的生气和无助，我看到你了，我看到你的痛苦，我知道你是通过这样的痛在提醒我，谢谢你。"然后继续地安抚它，温暖它。继续深呼吸放松身体。现在试着去感觉它，还那么痛吗？有没缓解一些？

阿珍：好了一些。

我：好的，闭上眼睛，放松身体，现在请您去尽可能想象此刻您的身体越来越放松，越来越放松，随着一次又一次的呼吸，您感觉越来越放松，越来越感觉身体轻飘飘的，身体越来越轻，慢慢地，您感觉自己好像飞起来了。您发现此刻自己坐在一个洁白的非常温暖的毛毯上，毛茸茸的，暖暖的，坐在上面非常放松、温暖、舒服。现在您发现这个毛毯在慢慢地飞起来了。这是一个神奇的毯子，会飞起来的温暖的毯子，您坐在上面非常舒服，非常放松，轻飘飘的，它可以带您飘去任何您想要去的地方，然后慢慢地腾空而上，飞到天空中。您看到了底下层峦叠起的山峰，看到了翠绿的森林，看到自由的小鸟，看到蓝天下悠闲洁白的云朵以及温暖的太阳，您感到非常的平静和放松。而这片神奇的毯子，它慢慢地飞着，似乎有一种力量在吸引着它，吸引它带着您去某一个地方，您此刻愿意追随着它，您很好奇，您想知道究竟它会带自己去哪里。慢慢地，您看到了自己越来越往下降落，乘着飞毯，您看到了一片非常美丽的小村庄，风景宜人，小村庄里面花香鸟语，宁静祥和。您看到了一个院子，您好奇地看着这个干净而整洁的环境，这个院子让您有种熟悉的感觉，门口有一棵果树，硕果累累，这是您最喜欢吃的水果，然后门口的茶几上还摆着您最喜欢喝的茶水，好像是为了欢迎远道而来的您，此刻飞毯慢慢地落在地面上，您站了起来。您想去看一看这院子的主人是谁，而此刻您看到了这个主人刚好从家门口走了出来，您发现他就是此刻您内心深处最想看到的那个人。请告诉我，此刻您看到的是谁？

阿珍：我老公。

我：您想对他说什么？

阿珍：我很生气。此刻他竟然可以活得这么潇洒，这么洒脱地住在这里，完全远离了城市的喧嚣和家里的压力，没有任何干扰和负担地生活在这里。

我：好的，现在请您不要任何顾虑地把您想要说的话统统都告诉他。您会对他说什么？

阿珍：你怎么可以这样？都不和我打招呼就一走了之，剩下我该怎么办？没有你的日子我怎么活？你是知道的，我是如此依赖你，可你竟然忍心抛下我？你知不知道这些天我是怎么过的？你难道就怎么狠心？你怎么不来关心关心我，竟然独自一个人这么潇洒，可以这么不负责任。我怨你，怨你一点都不想我和孩子，还在这样的清净悠闲的农家别院过得那么舒心，怎么不邀上我一起呢？为什么不顾虑我和孩子？我们真的好想你，你知道吗？我们需要你，我想要你跟我一起回去，或者我也留下来，可以吗？

我：他什么反应？

阿珍：安抚我，抱着我，叫我不要哭。

我：在这里没有任何人打扰，您可以把自己最真实的情感，最想说的话都告诉他。把您这么多天的感受和经历，也都可以通通告诉他。还可以把您所有的委屈、伤心、愤怒、难过、无助等全部倾诉出来。（陪伴她，哭泣5分钟之后）您爱人听了您这些话，是什么样的反应？

阿珍：他一直听着，我知道他理解我，他说他也不愿意抛下我和孩子，其实他心里面深深爱着这个家。他说我的喜好，他一直都记着，最喜欢喝的茶，最喜欢的树，最喜欢房子的装修风格等，全都在他心里，所以他在这个地方建造了一个属于我最喜欢的世界。我知道他最在乎的还是我。他说他无法回去，但他没有抛下我，只是暂时离开，到这个地方建造属于我们爱的家，一个能够去表达我们之间情感的家。这些天我的绝望痛苦，他都知道。他其实一直还在我身边，只是我看不到他而已，眼睛看不见他，但是他说我的心可以看见他。他仍然会继续守护我和孩子，只是不能像原来那样的方式而已，但是要我相信他其实一直都在，而且他在这个地方会一直幸福快乐地生活，因为我之前有跟他说过，我这辈子最大的心愿就是看着他幸福的样子。他说他在这个地方很幸福，他只想让我放心，他相信我可以处理好今后的生活。

我：他在这个地方过得很开心，很幸福，他依然守护着这个家。他相信您也可以处理好现在遇到的困扰。他依然可以继续在您的心里，陪伴着您。

阿珍：他相信我，但是我不太相信我自己。

我：您把您的不自信和困扰告诉他。

阿珍：我做不到，我真的做不到。你要我一个人带孩子，你要我赡养父母，我自己不行，我力量不够。

我：他有什么反应？

阿珍：紧紧地抱着我，告诉我说孩子已经大了，有自己的想法，他相信我们的孩子可以勇敢地去面对，会承担起家里作为男人的这份责任，而他的父母除了我们之外还有他的姐姐和弟弟会一起分担，所以不用压力那么大。

我：您怎么认为？

阿珍：他说得其实也没有错，对于我们的孩子，我有足够的信心，相信他可以去承担一个男子汉的责任，他有这份能力和自信去应对他的学业和他的生活。而两位老人家，我也相信他的兄弟姐妹可以一起帮忙照料，所以并不是只有我一个人在孤军奋战，似乎今后的日子也没有我想得那么糟糕。我只是不习惯没有他的日子。

我：您把您的不习惯和不舍告诉他。

阿珍：没有你的日子我不习惯，我不知道怎么过日子。这些天我觉得度日如年，不知道是怎样浑浑噩噩地过来的。我还是无法承认你已经离开了这个世界，如果可以的话，我也想待在这里，我也想继续跟你留在这里过得闲云野鹤般的生活，可以吗？

我：他同意了吗？

阿珍：不同意。他相信我可以慢慢地习惯和调整，他还是说其实他一直都在我身边，只是看不到而已，但是希望我能够用心地去感受他所带来的温暖和关怀。

我：还有什么想要对他说的，说出来。

阿珍：我只想静静地抱着他。

我：抱着他，感受他的支持和力量，感受他的气息，感受他就在您身边，深深地记住这份感觉，印刻在您的身体里面，温暖、美好、熟悉而又充满爱的感觉，记住这种被呵护和疼惜的感觉，记住这种拥抱的力量，记住它。现在您已经把该说的都表达了，他已然知道。现在夕阳西下，您即将要踏上飞毯返程了，尽管有很多的不舍，但您依然要和他道别。

阿珍：我不想。

我：是的，您内心确实有太多太多的不舍，但您清楚彼此终须一别。现在请和他道别，把您最后想说的道别告诉他。

阿珍：再见了，我知道我们还会相见，你会出现在我的梦里，甚至生活中的点滴，虽然我眼睛无法看见你，但我知道你一直都在。只要我知道有你在，我就心安了。即将分别，我很不舍，但是请相信我，请相信我们这份感情，请相信我对你的这份爱，而且我也相信，原来你根本就没有抛弃过我，你依然深深地爱着我，我感受到了这份爱，亲爱的，再见了。

我：好的，请您坐上神奇的飞毯，它在慢慢地飞起来。他现在离您越来越远了，他的身影越来越小，越来越小，感觉这个院子离您越来越远，越来越远，远得已经看不见了……坐在这个飞毯上，迎着风，看着蓝天和白云，看着广阔的大地，看着广饶的世界，此刻您轻松了很多。慢慢地，飞毯慢慢地降下来了，降落到我们最初的地方，回到我们的现在。接下来，当我倒数 5 个数的时候，您会慢慢地睁开眼睛清醒过来。当您清醒以后，您会感觉到温暖和平静，感受到智慧和有力量。深呼吸，慢慢地去感受自己身体，慢慢地去感受自己的呼吸，好的，5、4、3、2、1。慢慢地睁开眼睛。此刻您的感受是什么？

阿珍：把我内心最想要说的话都说出来了，感觉轻松了些，对他多了一些理解了，知道他依然深深爱着这个家，守护着我们，我心里感觉好多了。我想我不能继续这样消沉颓废下去，毕竟还有孩子需要我去守护。

我：现在您好像比刚才有了更多的力量和勇气。

阿珍：我现在确实平静了很多，之前是内心背负了太多的苦闷，又无处倾诉，现在都说出来了，反而觉得轻松了。他其实没有抛弃我和孩子，只是以另外一种方式存在而已，而且他在那边既然过得那么好，我也就安心了。那么我现在要全身心地去投入到我要做的事情，尤其是孩子的教育和引导方面，照顾他的父母亲。我需要重新慢慢地去调整，我相信我可以慢慢去适应这样的生活，毕竟生活还得继续。我希望用实际行动告诉他，我可以继续过好自己的生活，我可以好好地迎接接下来生活的每一天，不要让他一直担心我。我要让他安心。

案例分析

通过阿珍的案例的梳理，我们发现，对于最挚爱的人的离世，最开始她不能接受，内心有强烈的愤怒情绪，通过心理咨询的催眠，借助情境投射，然后把她内心最真实的情感宣泄出来、释放出来后，那么人的力量和智慧就会呈现出来，从而最终呈现出那个充满力量、智慧、平静、自信的自己。所以通过咨询过程当中的情感梳理，我们看到了愤怒和无助的情绪背后是对爱的呼唤，是对被抛弃的恐惧，是对未来生活的不自信。失去爱人的这种心理创伤，通过情境得以宣泄表达之后，这种创伤就会慢慢疗愈，虽然这个心理疗愈是一个过程，不是一次心理梳理就可以解决的，但伤痛终将会慢慢疗愈。

4. 讨厌的领导

生活中总会有不尽如人意的地方，没有人喜欢被他人否定。所以当被人否定时，我们的内心就会不舒服，继而引发不少负面情绪，甚至影响自信心，导致自我攻击、自我否定。本案例中的主人公小详，入职新的部门和岗位，基于工作事务问题，常常被领导批评和否定，在他内心积压了很多的不满和愤怒。他觉得是领导在挑刺，在针对他，但是他无力去改变现状，也不知道如何去平息自己的愤怒情绪。因此通过本案例中小详的梳理，让我们一起来拨开他愤怒情绪的迷雾，探寻困扰的真相。

小详：我非常讨厌这个领导，都不想上班了。可是我需要这份工作。

我：听起来，这个领导做了让你讨厌的事情。

小详：几乎每天都批评我，否定我。我辛辛苦苦做了一个星期的项目文案，他看都不看，就直接否定了。

我：被领导批评，尤其是自己的努力被否定，确实会让人难过。

小详：所以我很讨厌他，一想到这儿我就特别生气。怎么可以有这样的领导？

我：你很生气，因为否定你的一些工作，否定了你的努力和心血。一想到这，你的情绪就出现了。如果0~10分来评估的话，0分是一点不生气，10分是极端生气，你觉得自己的生气强度达到多少分？

小详：有 8~9 分的样子，就是一想到他，脑袋就胀胀的。

我：好的，现在你感受到你的脑袋胀胀的。请你闭上眼睛，好好地感受一下脑袋胀胀的感觉，去感受它。现在，请深呼吸放松，深深地吸气，吸入你想要的平静和自信，慢慢地呼气，让自己慢慢地放松下来，继续深呼吸五次。很好，现在请你把两只手放在头部胀胀的不舒服的位置，轻轻地安抚头部，把手的温暖和关怀带给它，就像慈爱的妈妈安抚新生的宝宝一样，充满着关爱和温暖。边安抚边温柔地对它说，亲爱的脑袋，你辛苦了，谢谢你提醒我此刻的状态，谢谢你通过这种胀胀的感觉来提醒我。我很抱歉，因为我之前忽略了你，现在我感受到你了，我看到你了。谢谢你！然后继续放松，深呼吸，把自己的温暖和慈爱以及关怀带到你的头部。现在有没有感觉脑袋舒服了一些？

小详：感觉没有那么胀了，好了一点。

我：好的，继续安抚它，手继续放在头部，轻轻的，温柔的，把温暖和关怀带给它，继续安抚它。然后静静地感受头部这种不舒服的感觉，听听它想要告诉你什么？

小详：不要太在意别人的评价，不要太在意这些人的否定，他们不算什么，他们并不是真的要伤害你。但是我依然觉得咽不下这口气。

我：好的，现在尽可能地在你的脑海当中浮现出领导对待你的一个画面。告诉我，你看到的画面是什么？

小详：看到领导指着我的鼻子骂我没动脑子。这么好的事情搞砸了，瞎了眼招我进公司。

我：你看着这个画面，请你看看画面当中的自己是什么样子呢？

小详：缩在角落不敢吭声。想反抗却不能反抗，手握得紧紧的，瞪着眼睛看着他。

我：此刻你看着这样的画面，你感受到画面中的自己是委屈的、隐忍的、愤怒的，对吗？

小详：嗯，很委屈，很愤怒，自己付出了那么多努力，都白费了，自己真的没用。

我：在你从小到大的经历当中，有没有类似的感受或者画面？不着急，慢慢回忆。

小详：有的。这个领导这样指责批评我的样子，特别像我爸，从小到大他也是这样的语气来批评我。

我：好，现在请在你脑海中浮现一个你爸爸否定你的那个画面，你看到画面中的自己大概几岁，穿什么衣服？什么表情？

小详：好像是上初一吧，穿了一件绿色的校服，坐在房间凳子上写作业，然后我爸就冲进来指着鼻子骂我不思进取，考得这么差，根本就没有用脑子读书。语气非常凶。

我：画面当中的自己是什么反应呢？

小详：很愤怒，我用拳头敲着桌子说，谁说我没脑子，你这么会你来考啊。结果我爸就打了我一巴掌。

我：你的不服气和反抗招来你爸的一巴掌。

小详：从小到大，他都是喜欢用武力解决问题，对我非常凶，不就是一次没有考好吗？谁能每一次都考好呢，怎么可能因为没有考好，就否定我的所以付出和努力呢？他总认为考试没有考好就是我自己的问题，从来没有想过他自己也有问题。

我：我能感受到画面当中的那个你很委屈，也很气愤。

小详：嗯，特别想揍爸爸，但是那个自己忍住了，我知道我斗不过他，只有忍受着，期待着有一天，离家远远的，越远越好，不再回这个家。远离了这个老爸，日子就会好起来。

我：好的，小祥，现在你已经长大了，你已经是成年人了，你已经有能力有力量去保护那个弱小的自己了。此刻的你是平静的，充满力量和智慧的，你看到画面当中委屈的气愤的孩子，此刻你想要对他说什么或者做什么？

小详：告诉他，男子汉顶天立地，不能因为别人的否定就认为是自己的问题，要相信阳光总在风雨后，得不到父亲的理解，还招来父亲的打骂，你真的太不容易了，而且也特别坚强，你还能够去隐忍着，还能够有力量积极进取，考上大学并找到这份体面的工作，挺厉害的。

我：他听完之后有什么反应？

小详：平静了很多，拳头松开了。

我：如果可以，你会走过去对他做什么？

小详：走过去拍拍他的肩膀。告诉他，父亲就是这么不讲理，不要去理他，是他自己教育方法错了，让你承受责骂和委屈。这些年，让你承受了太多太多这样的委屈，小小的身躯承受着这么多的否定，一定让你很不好过，然后我会给他温暖的微笑。

我：他对你是什么反应呢？

小详：有些感激，感谢我的理解和支持。他希望我可以帮助到他。

我：他希望你可以怎么帮他呢？

小详：帮他和父亲沟通。帮他去解释，因为他还非常在乎他爸爸的看法，他不希望就这样一直被否定，被斥责。他希望他爸爸能够有所改变。

我：好的，你觉得自己可以怎么帮助他？

小详：我会帮他去和爸爸解释。但我感觉不是很有底气。

我：好的，小详，请记住，现在的你是成年人了，你有足够的力量和智慧去做你想做的事情。深呼吸，吸入你要的平静、智慧和力量，你能够感受到自己的强大的力量。现在尽可能地去想象，此刻父亲就站在你的面前，那个小小的自己在你身后，现在你会如何和父亲沟通呢？请尝试着和父亲进行沟通。

小详：嗯，我会平静地看着我爸，然后告诉他，打骂孩子不是解决问题的最好办法。考试分数也不能决定一个人是否未来能走多远。孩子需要的是你的爱和理解。或许你认为打骂是有用的，但是现在从孩子的身上你也看到了，只会让孩子伤得越重，离你越来越远，难道你真的希望有一天孩子离你而去，永不回来。你真的希望自己孤独终老，让孩子怨恨你一生吗？

我：说完之后，看你爸什么反应？

小详：他有点诧异，然后沉默了，沉默着看着我们。

我：身边那个小小的自己什么反应？

小详：他拽着我的衣服，我能感受到他对父亲的害怕，但是我说完之后，他有些开心，就好像终于找到一个人替他出了口恶气似的，终于有个人支持他了。

我：好的，能感觉到小小的自己此刻对你有更多的信任了。现在对着父亲，你还想对他说什么吗？请记住此刻的你已经长大是个成年人，你用你的力量和智慧，你有足够的能力去保护自己，保护身边那个小小的他，现在请把你想说的或想做的都表达出来。

小详：你这个爸爸一点也不称职，你的打骂和指责已经深深伤到孩子了，心受伤了，你却还在伤口上撒盐。没有考好，孩子已经很难过了，结果你还骂他没脑子，如果有人这样说你，你愿意吗？每次不是打就是骂，他已经对你越来越恐惧害怕了，越来越想离开这个家了。难道孩子怨恨你，害怕你，是你愿意看到的吗？

我：很好，当你把你内心真正想要表达的东西向你父亲说完之后，你的感受是什么？

小详：轻松了，终于把自己想说的话说出来了，感觉压在自己内心的很多东西释放出来了，感觉轻松了很多。

我：做得非常好，你非常勇敢和有力量。现在你愿意可以带着身边的那个小小的他去一个你们最想去的地方好好释放自己吗？

小详：嗯，我想带他去迪士尼游乐场。

我：好的，他愿意跟你去吗？

小详：当然愿意。

我：现在想象你们现在就站在了迪斯尼乐园。看着各种各样的娱乐设施，感受热闹欢快的氛围，你会带他玩什么呢？

小详：他从来没有坐过旋转木马，我先带着他去坐旋转木马，然后带他去玩海盗船，他最喜欢玩这个，再带他去坐过山车，争取把他喜欢的项目都玩一个遍。

我：当他知道你要让他玩这么多项目，他有什么反应？

小详：很开心。

我：好，现在请你试着问他，是否愿意在玩之前把他身上背负的种种的伤痛都卸载下来，轻松去玩呢？把这些过往的伤痛卸载下来化成一个个泡泡，然后随风吹远消散？

小详：嗯，他愿意。

我：现在请你看着他从头到脚，从上而下把身上背负的种种伤痛，通通卸载下来，并检查是否有遗漏，然后把它像吹泡泡一样吹出去。迎风吹散。

小详：（约两分钟左右）嗯，吹走了，没有了。

我：现在看看他是什么反应？

小详：开心和轻松。

我：好的，现在你可以带着他去尽情地玩。拉着他的手，就像大哥哥拉着小弟弟一样，给他力量。告诉他，大哥哥不仅今天会陪着你一起玩，今后的每一天、每一分、每一秒都会在你身边陪着你，给你力量，给你支持，我会理解你、接纳你。你所经历的所有我都看见了，我都感同身受，这个世界上我永远是最懂你的人，所以未来，请记得你的身边永远有一个人会守护你、陪伴你、理解你、支持你、关心你。然后说完给他一个大大的拥抱。然后你去感受他的反应。

小详：他紧紧拉着我的手，特别放松，然后走向了旋转木马……

我：好的，慢慢地，我们看到画面定格在了你俩开心地朝着旋转木马走去的背影。接下来继续深呼吸，放松，记住这样的自在、信任、放松和释然的感觉，把这种感觉，深深印刻在你的身体里，继续深呼吸，然后当我倒数5个数的时候，你可以慢慢睁开眼睛，醒来之后你会充满力量，你会感受到自信和平静。醒来之后你会更加理解自己，更加接纳自己。好的，5、4、3、2、1，请睁开眼睛。

小详：确实舒服多了，轻松多了。

我：现在我们回到你最初呈现的困扰当中，对于领导批评你的困扰，现在你的感受是什么？

小详：我之前没有想过我对领导的批评为什么那么反感，感到特别愤怒，原来还有我爸这个原因，原来他每次批评我的时候，我感觉又回到了我爸站在我面前否定我，指手画脚的那个画面。我才发现正是因为他和我爸很像，所以我才会这么愤怒。

我：能够去觉察到领导和你爸之间的相似，能够觉察到自己的情绪，这是非常不容易的事情，你做得非常棒。现在闭上眼睛想象一下，如果你领导现在就在你面前数落你，否定你，你会有什么反应？

小详：我会不高兴，会看问题性质，有机会的话我会解释。如果领导不接受的话，那我只能按照他的意见再修改，而且他其实就是讲话难听，爱打压人，也不只是批评我一个，我们公司大部分人都被他骂过，想来他不是针对我，只是他性格使然，以及他针对的是事情本身吧。

我：所以当再次面对领导的否定指责，你会比较理性和平静地去看待它，是吗？

小详：我想我还是会很生气，但不会像之前那么强烈了，毕竟大家都不容易。

我：好的，现在对你领导的愤怒程度，0~10分，现在是几分？

小详：现在是5分。就是比较正常的一个情绪了，但被人否定还会觉得不太舒服，不过不会像之前那么强烈了。

我：这个分数是怎么降下来的？

小详：刚才回到过去，就感觉我把以前从来不敢对我爸说的一些话，都是憋在心里面的那些话表达出来了，舒服多了。虽然我知道我说出来，我爸不一定会真正去改变，但是说出来，我心里面就不会那么堵了，现在觉得舒畅多了。同时感觉自己是成年人了，看问题会多些理解了，大家都不容易，所以领导也有领导的不是，每个人都有不好的一面，最重要的是将心比心，对事不对人，做好自己吧。

我：这样理解的话，现在你的感觉是什么？

小详：领导批评否定我这事，我觉得他否定我的一些工作，可能是站在他的角度，那每个人的角度都有局限性。我觉得我已经付出了，我尽力了就可以了，至于他提出的东西如果我能改，尽可能按照他的意思改，如果我做不到，那我就会跟他沟通，告诉他，我已经尽力了，可能要麻烦其他同事协助。

我：就是说，现在你可以比较理性地去看待领导批评你这件事情，而且你还愿意主动和他沟通和澄清你不能做到的部分。

小详：对，我觉得既然做不了就要勇敢地说出来，领导才会知道哪些是你能做的，哪些是你不能做的，那么下一次他在交代任务的时候就会比较注意。在之前因为我非常讨厌他，每次他一否定我就很愤怒，但是又害怕丢了工作。所以一直都忍住不敢表达和沟通，也不会拒绝领导，所以导致事情做不好。

我：那现在呢，现在当你和他沟通的时候，你不担心他炒你鱿鱼吗？

小详：以前会很担心，现在也会担心，但毕竟看开了，觉得炒鱿鱼，那就炒鱿鱼吧，他如果真的觉得是我的问题，那么我也觉得没什么好留恋的，毕竟一直待在这个不开心的地方还不如找其他工作，毕竟我有七年的工作经历，在这一块专业领域，又不是只有这一家公司。

我：所以你比较敢于去面对了，去沟通了，现在的感受怎么样？

小详：很爽，就是勇于去表达的时候，不憋在心里的时候觉得特别爽，特别舒服，就不会那么憋闷。

我：为你的勇气点个赞，太不容易了，你能够觉察自己的问题，现在还充满了力量，能够去理解自己，能够去突破自己，敢于面对困扰，敢于去沟通，真的，你做得非常棒。

案例分析

经过上面小祥的案例梳理，我们回到了原生家庭当中，通过情境进行对话，发现小详从最初对领导的斥责感到愤怒，而这愤怒的情绪背后是源于领导和父亲的相似，激发了他对过往童年经历创伤的刺痛。所以我们通过梳理，进而去疗愈原生家庭的伤痛，最终我们看到了一个充满勇气和力量敢于去面对自己，敢于去面对领导，敢于去沟通的小祥。所以拨开他愤怒情绪的背后，是源于他原生家庭当中父亲对他造成的心理创伤，通过疗愈这个心理创伤，进而最终疗愈现在的自己。

5. 老公竟然瞒着我

婚姻生活中需要彼此尊重和信任，但是当一方感觉不被尊重和信任的时候，感情往往会出现冲突和危机，以及情绪困扰，如果不及时觉察、调整和修复，那么对婚姻家庭具有强大破坏性的影响。在婚姻中，我们仍然需要不断经营好这份感情。本案例中的主人公阿妮，因为无意当中发现丈夫背着她和别的女人聊天而引发愤怒的情绪，让我们一起通过案例梳理，拨开她愤怒情绪的迷雾，探寻背后的真相。

阿妮：我老公竟然背着我跟别的女人勾搭。辜负我这么多年对他的信任，我从来没有想过自己也会有这么一天，会沦落到和小三去竞争这样一个渣男。

我：说到这里，我能够感受到你的愤怒，也感受到你对老公这样的行为感到很失望。

阿妮：是的，满肚子的气。对他极度失望，竟然这么伤我。这是我从来没有想过的，表面上伪装得这么好，原来如此虚伪，哼，竟然背着我和别人勾搭。

我：你很失望，很愤怒，觉得他好像变了，是这样吗？

阿妮：对，他变得好陌生了，要不是我女儿不小心拿着他的手机玩游戏，然后看了微信，告诉我，不然我都不知道他要瞒我到什么时候。他竟然还和他的初恋女友有联系，气死我了。一想到这件事情，我的心就堵得慌。我和他大吵了一架，他还不承认，说我不相信他，竟然还摔门而去。真是可笑，你说他都这么做了，还指望我怎么相信他？

我：通过这件事情，你似乎不太信任他了。

阿妮：我怎么可能再信任他，太让我失望了，我都不知道怎么跟他继续生活。一想到这事，我就气得胸口疼。（捂着胸口）

我：我能感受到你的愤怒和担忧。现在请你放松身体，我们来做深呼吸，深深地吸气，吸入新鲜的空气，然后慢慢地呼气，继续做 5 次深呼吸。随着每一次的呼吸，你会感觉身体越来越轻松，越来越放松。非常好。现在请把手放到胸口不舒服的位置，轻轻地安抚它，把手的温暖和关怀带给它，并且告诉它，"亲爱的，我感受到你了，我感受到了愤怒和担忧。是你通过身体在提醒我，提醒我此刻面临的困境。谢谢你，是我之前忽略了你，现在我看到你了。谢谢你。"说完之后，继续用手去安抚它。现在有没有感觉好一些？

阿妮：有，舒畅了一些。

我：好的，请静下心来，想一想，你觉得胸口不舒服，是想要告诉你什么？

阿妮：它要告诉我未来怎么办，没有他，未来的日子应该如何继续走下去。

我：非常好，你听到了担忧，再听听，担忧什么？

阿妮：有好多担忧。担心老公还会跟这个女的藕断丝连，继续联系而毫无改变；担心以后老公会继续瞒着我，继续骗我，或许这种隐瞒可能还不只这一件事情；担心我们的婚姻可能走向破裂，我会一个人孤苦无依；还有就是担心未来自己一个人要养两个孩子，我不知道自己能不能承担。

我：好的，阿妮，我们听到了四个担忧，我们一起来梳理一下。第一个担忧是害怕他继续和他的初恋女友藕断丝连，对吗？

阿妮：是的。

我：你觉得你这种担忧发生的概率会有多大？

阿妮：60% 吧。

我：那还有 40% 是什么？

阿妮：他平时对我还挺好的，而且我一直知道他有一个初恋女友，以前也有过她主动联系我老公的经历，我老公并不理她。但是现在，我不知道他们之间是怎么联系上的。所以这 40% 是我对他还有些期待和幻想，感觉只是这个女的单方面联系我老公。

我：也就是说，你比较倾向认为是这个女生主动联系你老公，那你老公并非主动而是被动的，对吗？

阿妮：我认真地看了一下他们的聊天记录，都是这个女的一直在勾搭我老公，话里话外都想要复合，难道她不知道我们已经结婚有孩子了吗？

我：对于这个女生的主动联系，你丈夫的反应是什么？

阿妮：聊天记录我看了，他有回应她，但也好像不是特别积极。

我：所以你觉得你老公是被动的，你觉得他真的有可能抛弃你和孩子，再和初恋女友和好吗？

阿妮：这么多年，以我对他的了解，他好像不会这么做。

我：为什么呢？

阿妮：因为那个女的年龄比较大，没有我好看，而且离过两次婚，婚姻不幸福，一般男的都不太喜欢离过婚的女人吧。另外就是孩子这一块，他其实很爱我们的孩子，孩子从小到大也基本上是他照顾得更多些，像个超级奶爸一样，我觉得他应该还不至于抛弃孩子。况且在这件事情没有爆发之前，他对这个家确实付出了很多，我能感觉他是爱我的，我们的感情其实一直都挺好的。

我：所以通过对孩子的关怀，对家庭的付出，以及你们之间的感情，你都觉得这件事情发生的概率并不大，还依然是 60% 吗？

阿妮：这样一想想吧，好像没那么高了，40% 左右吧，可能会有。

我：好的，也就是说第一个担忧的程度没有那么高了。

阿妮：对。

我：好，接下来我们看第二个担忧，担心你老公继续瞒着你，继续骗你，甚至还有其他的事情在隐瞒你。

阿妮：是的，我担心不止这件事情，可能这件事情只是一个偶然的情况被孩子发现了，然后我才知道的，那万一还有其他的情况，只是还没有被发现呢？

我：他有可能隐瞒其他的事情，你觉得这种情况发生的概率有多大？

阿妮：不好说，可能50%。

我：之前有欺骗过你吗？

阿妮：以前偶尔有过，好像有几次吧，他的确骗过我。

我：之前是什么情形下骗过你？

阿妮：以前也不是故意要骗我的，就是怕我误会。比如说，记得有一次，我生病了，他骗我说就是一个很小的手术，很简单的一个问题，做完手术就好了。而实际上比较严重，当时我信他了，但现在想想其实他是怕我担忧，所以才骗我的，他是为了我好。

我：在此之前他骗你也都是有意的，甚至说是因为爱你，害怕伤害你而选择隐瞒你或者欺骗你，对吗？

阿妮：嗯。

我：那对待这件事情，他隐瞒你，你怎么看？

阿妮：他和前女友联系这件事情隐瞒我肯定是不对的，虽然他以前有跟我提过他前女友这个人不行，比较烦，但是我没有想过他们之间还有联系，而且我老公竟然还会回应她，虽然是比较被动的回应，但他并没有告诉我这件事情。

我：所以你真正担忧的是，你们之间不能开诚布公地去沟通，害怕对方有所隐瞒，不够信任彼此。是这样吗？

阿妮：嗯，我确实担心，如果我们之间不坦诚的话，那么今后一段婚姻还要继续走几十年，可能就会有很多的阻碍。

我：好的，在此之前他有欺骗过你，但是都是爱你的，不想伤害你的表现，那么之后他会因为想伤害你而去欺骗你吗？

阿妮：我相信我们的感情，他还不至于想伤害我。

我：所以现在想一想，他之所以欺骗、隐瞒与前女友的联系，是为了不想你误会或不想伤害你，可以这么理解吗？

阿妮：他确实是一个很老实本分，很懂得疼老婆疼孩子的人，现在想想他应该也是担心我误会而不敢告诉我。

我：所以他只是在担心你，不想让你误会，而选择了隐瞒，不知道你现在会如何解读这件事情？

阿妮：看来，我回去要好好跟他沟通一下，他本意是好的，就是方式不对，我对于我们之间的感情还是有信心的。

我：好的，对于第二个担忧看来也没有那么高程度了，对吗？

阿妮：对，感觉还是有信心，好好沟通，双方确实需要好好地澄清这个问题。

我：非常好，我们接下来分析第三个担忧。前面提到的第三个担忧就是将来怕婚姻走向破裂，自己将孤苦无依，特别害怕这种孤独，对吗？

阿妮：我害怕和他离婚之后，我一个人过剩下的半辈子。我不敢去面对这种孤独。

我：请你想一想，最坏的结果如果真的发生了，就是婚姻走到尽头，然后你一个人生活，会怎么样？

阿妮：很孤独，一个人吃饭，一个人睡觉，感觉没有依靠，没有人爱。

我：你确定吗？你好好想想，真的只有你一个人了吗？

阿妮：好像也不是，我还有孩子呀。

我：所以你能想到的画面是什么？

阿妮：自己一个人带着两个娃，然后起早贪黑为了生活而奔波，日子虽然辛苦，但是工资还能够勉强维持一家子的开销。好像不会一个人吃饭，因为孩子们会和我一起。

我：所以现在想一想，这种担忧出现的概率是很低的，而且孩子会陪在你身边，日子也终究会过得去，孩子们也会爱你，生活并不是就不能继续走下去了，对吗？

阿妮：对，话是这么说，但是总感觉少了什么。

我：就是少了一个能够和你执子之手，与子偕老的人，少了一份可以依靠的肩膀，少了一个相濡以沫的人，对吗？

阿妮：（不好意思笑了）对。

我：所以最坏的结果依然可以过下去，只是没有那么完整而已。

阿妮：现在想想最坏的结果，也就那样吧，大不了苦一点，累一点，但是没有他，其实我依然可以好好活着。

我：所以对于第三个担忧，现在想想还那么强烈吗？

阿妮：嗯，没那么强烈了。谁离开了谁会活不下去呢，地球照样转，只是没有那么完美而已。

我：你分析得非常透彻，你对自己的了解更多了。最后我们一起来看一看第四个担忧。你前面提到担心自己一个人带两个娃，担心无法承担这份艰辛。

阿妮：是啊，我想到一个人带两个娃，感觉特别特别辛苦，感觉自己不行。

我：确实带两个娃，所有的责任和重担都压在你一个人身上，生活会过得艰辛。毕竟养孩子需要不少的开销。

阿妮：嗯，现在想想其实也没有那么艰辛，我有一份稳定的工作，我在事业单位，工资是稳定的，虽然不多，但是两个孩子的学费啊，生活费啊，是基本上还能够维持的。而且我现在住的房子，楼下是空闲的，我也可以租出去来可以增加一部分的收入，所以养孩子这一块应该是没有问题。

我：那么还有其他的顾虑吗？

阿妮：经济方面好像没有太多顾虑了，教育孩子方面就也主要靠我了，不过我觉得我的教育理念还是比较民主的，孩子也都比较喜欢和我在一起。我们的亲子关系是比较和谐的，相信我这个妈妈还是比较称职的。我有困惑或者不足还可以和朋友一起相互交流，我想我应该也不是孤独的。

我：所以现在想一想，你的担忧还那么强烈吗？

阿妮：降下来了，最坏的结果就是我一个人带两个孩子。经济方面还过得去，教育孩子方面感觉我可以学习，自己一个人会苦点，不过日子也不都是黑暗的。现在想一想也没有那么害怕了。

我：亲爱的，我能感受到你的力量、理性和智慧。你对未来也更明朗了些，现在的你看起来轻松了很多。

阿妮：经过这样一分析，我觉得好像也没有那么担忧和害怕了，之前觉得特别恐惧，特别担心未来的世界是一片黑暗的，现在一个一个地去分析它，好像事情没有想得那么糟糕，也就是老公和前女友联系了而已，而且是被动的联系，或许我误会了我老公也有可能。未来的最坏的结果我也能接受，而且我现在相信我老公对我的这份爱和对孩子的这份爱，所以我想回去好好和他沟通，好好挽回这份感情，我相信他其实是珍惜我们这段感情的。

我：看到你有信心和有力量去面对这个冲突和挫折，为你的勇气点赞，你做得太棒了。从你身上，我感受到了一股力量和自信。

阿妮：谢谢，我现在感觉很轻松了呢。接下来我要做的就是和他心平气和地去沟通。

我：听你的语气，你已经想好了怎么样和他沟通，而且也能够处理自己的情绪了。

阿妮：对，我们之间其实以前冲突也比较少，而且我们都会比较理智地去处理。我知道，这件事情是我情绪没有控制好而和他吵起来了，我承认自己有做得不好的方面，所以该道歉的，该表决心的，该承认的错误还是要去面对和表达出来。

我：非常好，勇于得去面对它，然后表达自己的情感，表达自己的需求，彼此坦诚的沟通。

阿妮：我会的，我会告诉他我真实的想法是什么，我真正要的是什么，我希望未来我们可以怎么去做。所以我相信我老公会理解我，因为我也会理解他。

我：看到你能够再一次地信任他，而且对自己充满了信心和力量。我由衷地为你点赞。

阿妮：谢谢，今天让我再一次面对自己的内心，发现我自己是有力量的，是可以解决问题的，只要静下来去分析它，然后好好地理清楚，好好地去沟通，相信解决的办法总比问题多。

案例分析

通过对上面阿妮的案例分析，我们发现，从最初对于发现丈夫的聊天记录到内心的很多担忧，进而感觉到身体的变化。通过觉察身体的变化，进行身体自我接纳，通过放松和平复身体达到内心的平静，然后把这些担忧一个一个地去澄清和梳理，一个一个地去击破，我们最终会发现每个人本质上都是充满力量和智慧的，当有信心能够去接受最坏结果的时候，那么就有勇气去面对当下的现状，就有勇气去解决问题。通过本案例的梳理，我们发现愤怒情绪的背后是对未来这份感情的担忧。而担忧的背后是对未来生活的不确定感，以及安全感和信任感没有得到满足，所以当确定感、安全感和信任感能够被预见，能够有信心去面对的时候，情绪就会自然缓解。

6. 没有人会爱我

我们有时候会低估周围人对自己的爱和关怀，当自己感受不到爱的时候，就可能会认为是没有人爱我，而实际上感受不到爱，并不等于身边没有爱，因为每个人表达爱的方式不一样，每个人感受的程度也不一样。本案例的主人公小魏，对自己的现状感到生气和不满。他觉得没有人会爱他，内心非常失望。拨开小魏生气不满的情绪的迷雾，让我们一起探寻背后真正困扰的真相。

小魏：老师，我对自己感到很生气，气自己为什么可以活成这样，把生活过得乱糟糟的。我甚至觉得这样的自己一定没有人会喜欢吧。虽然我现在已经大学毕业了，可是那又怎样，走入社会，也不会有人爱我的。这样的人生其实挺没意思的。

我：谢谢你的坦诚和信任。你对现在的自己很不满意，你觉得身边似乎没什么人去在乎你，你感受不到爱，所以很失望？

小魏：嗯，我根本感受不到爱，我的家人根本就不管我死活；我的同学，我的朋友，哼，也常常都是两面三刀、背信弃义，跟这些人在一起，我伤透了心，我不需要他们了。所以没有同学，没有朋友，没有家人，这样的人生，是不是很可悲？

我：不被家人关爱，同学和朋友又伤害到了你，我能感受到此刻你的内心的伤痛和孤独。

小魏：谁说不是呢，我也不希望自己孤孤单单的一个人，我也希望能有个哥们儿，能有爱自己的家人，可是现实呢，唉！

我：你说你家人不爱你，不管你死活，是怎么样的情形，能具体说一说吗？

小魏：（沉默）

我：你身边的同学或者朋友做了什么伤害你的事情，能具体聊聊吗？

小魏：不想说。

我：过去的伤痛让你现在不太愿意去触及和面对，没有关系。现在你感觉特别无助和绝望，谢谢你的坦诚和信任，愿意把真实的自己呈现在我的面前，我想对你多一些了解。现在如果可以的话，请你闭上眼睛去想象一个画面，然后请把你看到的告诉我。现在请你闭上眼睛深呼吸5次，深深地吸气，慢慢地呼气，通过深呼吸，慢慢地放松自己。对的，非常好，继续深呼吸，深深地吸气，每一次呼吸都会让自己越来越放松，越来越放松。感觉身体越来越轻，越来越放松。现在请想象，此刻你站在一个泥坑当中，请你告诉我这个泥坑有多深？能看到这个

泥坑吗？（注：泥坑意象投射象征他此刻困扰程度）

小魏：能看到，这个泥坑很深。

我：大概有多深？大概到你身体哪个位置的高度？

小魏：已经没过了我的头，比我的人还高，坑里黑漆漆的，很昏暗。

我：好的，现在请你想办法尽可能地让自己跳出这个泥坑，看一看有没有办法自己走出来？

小魏：没有办法，我出不来。

我：手能够到坑的外面吗？能够用力爬出来吗？

小魏：爬不出来。

我：好的，不要着急。现在我就站在泥坑外面，现在我扔个绳子下来，请你接住，然后抓住它，我会慢慢地把你拉上来，可以吗？

小魏：好的。

我：抓住绳子了吗？现在我要往上拉了，对，就是这样，一直抓住它，非常好，我一直往上拉，我用力往上拉，现在我终于抓到你的手了，我拉着你的手继续用力拉，你终于上来了。现在你已经站在了这个泥坑外面了，有没有感觉轻松了一些？

小魏：有，感觉轻松了些。

我：你现在已经出来了，现在你站在泥坑旁边。低头看看，在你的脚底下，有一棵小草，刚才爬出来的时候，你并没有去在意它，现在请你蹲下来，仔细地观察它，它什么颜色，有几片叶子？（注：小草意象象征着社会支持力量）

小魏：绿色的，只有一片叶子。

我：好的，现在这个小草好像快要枯萎了。它周围的泥土都已经干裂了，你知道它此刻需要浇水，才能够更有生命力，现在你是否愿意帮忙浇水呢？

小魏：我愿意。

我：非常好，现在请你环顾四周，看一看有没有水源？

小魏：前面有一个小泥坑，有一些浑浊的水。

我：非常好，请你走过去看看，有没有工具可以装水？

小魏：找不到工具，不过我会用手捧起来。

我：好的，现在请你捧着水，然后走过去浇这棵小草。浇完这棵小草之后，你发现这个小草有了新的变化，请告诉我，你看到了什么？

小魏：他长出了另外一小片叶子，很小，微不足道，但他确实是多了一片叶子。

我：非常好，看到它焕发了新的生命力，而且多长了一片叶子，你的感受是什么？

小魏：有一点点的开心吧。

我：现在你已经浇完了这棵小草，而这个小草非常感激你，它想要和你交朋友，想成为你的好朋友，愿意陪着你，守护在你身边，可以吗？

小魏：可以的。

我：太好了，小草很开心，很感激你。现在，你多了一个朋友，多了一分力量感和责任感。接下来，请你环顾一下四周，你看到了什么景象？

小魏：视野开阔，地上很多小石子，还有一条公路。

我：有看到树，看到花，看到森林吗？

小魏：周围没有看到，只有很远的地方，有一座山，山上有一些树木，但是很远。

我：好的。请你继续往前走，沿着公路往前走，走着走着，你发现在你前面的拐角边，有一栋房子，你仔细看了下，发现这座房子有两个房间门，其中的一个房间门是开着的。你很好奇地走过去，想看看里面是什么景象，现在请你走过去看看，走进这个房间里面，你看到了什么？

小魏：房间里面空荡荡的，没有东西。

我：房间有窗户吗？

小魏：没有窗户。

我：房间的光线如何？

小魏：房间挺昏暗的。

我：如果你看不太清楚，门后面有一个开关，现在你走过去把灯打开，柔和的黄色的灯光下，你看到了房间角落有一张桌子和凳子。请你走到桌子旁边，你看到桌上堆着杂乱的一些照片。仔细看一看，照片上竟然都是你的过往的照片，是记载着过去你的种种伤痛的照片。你很好奇这些照片什么时候拍的，有你痛苦的照片，有你愤怒的照片，有你伤心的照片等，这些都是你过去伤痛的照片，从小到大，所有的伤痛的画面都定格在了这些照片上了。它们散落在桌子上，很凌乱。现在我给你一个保险箱，请你把这些散落在桌上的这些过往不愉快的照片全部收起来，把它放在这个保险箱里面，可以吗？

小魏：好的。

我：做得非常好，一张一张地把它放在这个保险箱里，确保一张都不要被落下，你小心翼翼地，仔仔细细地把它们放在了箱子里面，当你全部收好之后，请把这个保险箱盖起来，保险箱自动锁起来了。现在请你抱着这个保险箱，慢慢地走出房间，走到门口，然后转身把门关起来。现在你就站在这个房间门口，看着外面，在房间外面，你看到了什么景象？

小魏：还是刚才来的样子，很多的小石子，还有一条公路。

我：好，现在请你抱着这个保险箱慢慢地往前走，沿着这条公路继续往前走，走到很远很远的地方，走到你觉得有些累了的时候，对，就在这，现在你走到了公路的尽头，发现尽头是一处悬崖。现在请你站在悬崖边上，请问你是否愿意把这个保险箱扔向悬崖下面的大海，让它随着大海的海水飘走呢？

小魏：嗯，我愿意。

我：好，现在请用尽全身力气把这个保险箱扔下悬崖，现在扔下去了吗？

小魏：嗯，扔下去了，看到它漂浮在水上了，然后随着海水慢慢地飘走了。

我：做得非常棒。现在保险箱扔掉了，你看起来轻松了，过去那些背负的种种的不愉快的经历，过去种种的那些无助、痛苦、委屈等的伤痛，都已经在这个保险箱里，随着海水漂走了。它不是不存在，只是被海水冲到某一个角落里面去了，就像你内心的某个角落一样。它们知道你已经收拾得好好的，放得好好的，除非你刻意的要去找它们，你一定也能够找得到，但是它们现在很安心地待在你内心海洋的某个角落里，如果你不刻意去找寻它们，一般情况下，它们是不会再出来搅扰你的，它们不会也不想去困扰你，因为它们现在很舒服，它们可以静静地待在自己的角落里，所以你已经不会再被它们所打扰了。请记住，现在的你如释重负，现在的你是轻松的，是有力量的，你是那个充满平静的，充满智慧的，充满力量的你。现在的你是真实的、原原本本的你。此刻的你特别轻松，此刻的你已经没有背负过去沉重的伤痛，现在的你是释然的，是真实的，是有力量的，是有能量去保护自己的。慢慢地去感受那个充满智慧的，有力量的，有能力保护原原本本的你。请记住这种充满力量和轻松的感觉。把这种感觉深深印刻在你的身体里，印刻在你身体每个细胞里，印刻在你身上流淌的血液中，记住这感觉。当我倒数 5 个数的时候，你会慢慢地睁开眼睛，当你睁开眼睛之后，你发现这种感觉一直都陪伴着你，一直都在你身边，你会一直感受到源源不断的力量和平静的感觉。好的，放松，深呼吸，吸气，呼气，继续深呼吸。好的，我要倒数 5 个数了，请记住你会充满力量和智慧。你会越来越有能力保护自己，你会越来越爱自己，你会越来越欣赏自己，接纳自己，你会充满力量，你会感恩自己。5、4、3、2、1，慢慢地睁开眼睛，慢慢让自己回到当下这样的环境当中。做得非常好，现在你的感觉是什么？

小魏：（笑了）很轻松。

我：现在看着你腰背都挺得直直的，眼神充满着坚定和力量，我知道你现在已经卸载了很多，此刻的你就是这样充满力量、智慧而平静的你。

小魏：谢谢，感觉自己好像明朗了很多，清楚现在的自己是一个什么样的人了。

我：是一个什么样的人呢？

小魏：应该去做自己想做的事情，过自己想要的生活，没有人能够真正地去牵绊你，或者阻止你，真正阻止的是自己，所以我要学会去放开一些东西，之前可能把别人看得太重了，特别在乎别人，特别在意别人的评价，觉得自己一无是处或者把友情和亲情看得特别的重，好像没有了他们，就没有了自己。

我：那现在呢？

小魏：现在想想，其实有点幼稚和可笑，不管别人怎么对待你，自己永远还是自己，自己的人生只有自己去决定，所以不管同学和朋友怎么样背叛我，或者怎么样恶意中伤我，想都过去了，就像你说的把它卸载下来之后我是轻松的。既然最坏的结果都已经发生了，那么事件发生之后，我能做什么呢？我要做的就是保持一份清醒，那就去做我自己想要做的，不管别人如何去看待自己，已经无关紧要了。我想真正爱我的人也许没有出现或者之前有，但是被我伤害到了，或者伤害到了我，我想这是遗憾的事情，但是未来，谁说还会继续发生遗憾的呢？所以对于未来，它是空白的，我觉得我可以去创造它。

我：非常好，你想要一个什么样的未来呢？

小魏：不被人左右，不被人牵绊，不过多在意别人的评价，而是活出真实的自己，原原本本的自己。我特别喜欢画画，之前因为专业的限制，因为家人和朋友的不理解、不支持，一再否定和打压。虽然我觉得可能是为了我好，但是我现在想要去做，不管最后的结果是什么，我愿意去承担，也许日子过得特别辛苦，但是做自己想要做的事情，应该也是幸福的，我希望过幸福一点，而不是留有遗憾的人生。

我：很好，你希望去做自己感兴趣的事情，比如画画？

小魏：对。之前我在意的就是没有人爱我，可能是我也做了很多伤害别人的事情，但是都已经发生了，我能弥补的尽量去弥补，不能弥补的，我希望以后不要再做出类似伤害别人的事情，过去的伤害已经造成了，今后我会注意自己的言行，会尽可能地不再重蹈覆辙。别人怎么看待我不重要，重要的是我应该要学会保护自己、相信自己、爱自己。

我：看到你能够理性而清晰地去剖析自己，面对真实的自己，说明你对自己有了更多了解，对未来有了更清楚的一些目标和方向。

小魏：是的。

我：那么对于之前你呈现的困扰就是觉得没有人会爱你，觉得周围不被人理解。现在依然还困扰你到什么程度呢？

小魏：不是太在乎了吧。毕竟我不能够决定别人能不能爱我，更不能绑架别人，逼着他去爱我。我想爱不爱我，主要取决于我自己，一方面是取决于我的感受，我能不能感受到别人是爱我的，另一方面就是我自己的言行值不值得别人对我付出，值不值得别人爱我。

我：所以之前的困扰，你觉得最主要的还是在于如何看清自己，提升自己，是这样吗？

小魏：对的，爱与不爱不是取决于我，而是取决于别人，而我无权去干涉别人，但是我知道我可以做自己可以决定的事情，就是哪些事情可以做，哪些事情不能做。过去背负的很多东西，现在都已经过去了，放下了。所以给我的警示就是好好地去生活，去做想做的事情。

我：看到你现在充满力量和智慧，也非常清晰自己的方向，真为你感到高兴。

案例分析

本案例借助意象投射出来的泥坑和小草，我们发现小魏的社会支持力量非常弱小，而且压力重重，凭他当下的力量是无法走出困境的，需要增强力量和支持度。借助催眠工具箱的处理，把小魏过去背负的种种伤痛进行化解和卸载，进而还原一个原原本本的真实而有力量的自己，从而拨开它不被人爱，感受不到爱的背后，是影响他裹足不前的种种的伤痛。其实每个人都会有伤痛，面对这些伤痛，关键在于自己是否愿意去面对它，去化解它，去卸载它，然后做回原原本本的，真实的，充满力量的和有智慧的自己。

7. 活在比较中

在我们的社会生活中弥漫着一股比较的味道，或者是自己有意无意地和别人比，或者是被别人有意无意地拿来比较。而比较的结果，如果是自己占优势，那么就会倾向舒服，如果自己是劣势，那么我们的各种负面情绪就自然而然地产生。在现实生活当中，总有一部分人常常拿自己的劣势和别人的优势进行比较，结果可想而知，生气、怨恨和自卑自然而生。所以该如何去面对比较呢？本案例的主人公小萱，就活在比较痛苦的比较当中，让我们一起来梳理，拨开小萱愤怒情绪的迷雾，探寻背后的真正困扰。

小萱：我对自己实在无语，都快被自己气死了。我怎么会这么爱比较呢？什么都要和别人比，吃饭要比快，买衣服要比漂亮，上课要比认真，成绩要比较高低，还要和别人比朋友多少……我觉得任何事情似乎都可以拿来比较。

我：听起来，你的生活围绕着比较，这个爱比较的毛病让你感到了困扰。

小萱：特别困扰。因为每一次比较，我都是输的那一个，所以一而再，再而三地打击我的自信心。我感觉什么都比不过别人，自己弱爆了，什么都不会，样样都不好，所以特别自卑，觉得自己一无是处。我知道我不应该这样比，可是我感觉自己的思维好像成了习惯，只要和别人一交流，我就喜欢拿来做比较，所以同学都已经慢慢地疏远我了，我很讨厌这样的自己。

我：你不喜欢比较，但控制不住，而且比较的结果让你自卑难受，现在朋友也疏远你了，你不喜欢这样的自己。

小萱：对，我不想生活在比较中，特别特别累，可是我不知道如何才能够摆脱这样的毛病。

我：你想摆脱，你想改变，为此你也做了一些努力，对吗？

小萱：嗯，是的，我试图克制我自己不要去比，可是我越这样暗示自己，反而更较劲了，还是在比较当中。

我：通过暗示没有效果，那么还有尝试过其他哪些方法？

小萱：让自己很忙碌，这样就没有时间去和别人比。但是生活学习中，人际交往必不可少，一旦有和别人接触交流的时候，我又很不自觉地去比较了，唉！

我：你通常是怎么比较的？自己的优点比别人的优点？

小萱：不是，我很容易用自己不足的和别人进行比较，结果自己受伤。

我：真正困扰你的问题在于比较当中，你常常拿自己的短处和别人比，而且有时候你比的是别人的优势，自然会输，继而会产生挫败感，时间长了，次数多了，就会越来越没有底气和自信心，是这样吗？

小萱：您说得对，如果我每次都赢，我想我的心情也不至于这么糟糕，问题在于，我好像习惯于关注自己不好的方面，就偏爱和别人进行比较，即使我明明知道别人就擅长这个，所以在比较当中，我的妒忌心就会出现，我很妒忌别人拥有，而我却没有。

我：你希望拥有和别人一样的优势，那么你有没有想过你的优势有哪些？

小萱：我感觉自己好像没有什么特别突出的地方。

我：你确定吗？

小萱：因为我觉得我突出的地方和别人比都是弱爆了。

我：也就是说，你有比较突出、比较擅长的地方，但是这个擅长的地方和别人也擅长的地方进行比较，你发现自己又处于弱势，所以你现在都不太确定这些算不算你的优势，是这个意思吗？

小萱：是的，所以我就感觉现在自己是一无是处了。

我：任何人都有自己的优点和不足。现在给你一点时间，把自己的优点一一罗列下来，如果可以，至少罗列 5 个，可以吗？

小萱：我试试啊。

我：我看你写好了又涂，涂了又写，看来你很矛盾和纠结。

小萱：对啊，因为我觉得刚开始想的是优点，可是写出来之后，想想又觉得不算优点吧。

我：为什么后面想想觉得不是优点了呢？

小萱：因为我觉得这个优点，别人也有啊，那就不是优点了。

我：小萱，当你认为自己的优点，现在又不算优点的时候，你的感觉是什么？

小萱：很失落，很沮丧，挺自卑的。

我：发现自己并没有特别优于别人的地方，确实会产生沮丧、失落和自卑的情绪，现在请你闭上眼睛去感受一下这种自卑、失落和沮丧的情绪，慢慢地去体会这样的情绪，然后扫描一下全身，这些负面情绪集中在你身体哪个位置最不舒服？

小萱：有些头晕。

我：好的，现在请把你的注意力放在你的头部，去感受这种头晕的感觉，然后深呼吸，深深地吸气，慢慢地呼气，让自己的身体越来越放松，越来越放松。现在请把手放在你头部不舒服的位置，然后轻轻地安抚它，就像慈爱的妈妈安抚新生的宝宝一样，非常温柔而充满慈爱地安抚它。边安抚边对它说，"亲爱的，谢谢你，谢谢你通过不舒服来提醒我。我感到很抱歉，之前忽略了你，没有好好的关爱你，没有注意到你，现在我看到你了，我感受到你了，我已经接收到你的提醒了。再一次地谢谢你，我会带着这份爱和提醒，更加关怀自己，照顾自己，再一次谢谢你。"说完之后继续深呼吸，放松，非常好。现在感觉好些了吗？

小萱：似乎好一些了。

我：好的，如果还是晕，请继续把手放在那安抚它，关爱它，把手的温暖带给它。接下来，请仔细感受下，从小到大，所有的经历当中，常常引发你这样头晕得特别深刻的画面是什么？慢慢去想，让画面慢慢浮现在你的脑海中，如果你看到了这个画面，请告诉我，你看到了什么？

小萱：我在房间做作业，听到我爸爸妈妈在吵架，吵着吵着要闹离婚，我走出去试图劝阻，但没有用，我夹在中间左右为难，可是他们根本就不在意我，他们根本就不顾虑我的感受，一点也不关心我，他们只顾他们自己。我感觉头很晕，很难受。

我：好的，继续深呼吸放松。请仔细看着这画面，那时候的小萱多大了？穿什么衣服？

小萱：初二那年，她穿白色的衬衫，黑色的裤子。

我：她什么表情？

小萱：特别难受，也很焦急和无助，就站在他们中间哭。

我：看到爸爸妈妈在吵架，而且有可能这个家就要散了，那个小小的自己非常地焦虑和无助，你看着那个小萱，你觉得她此刻需要的是什么？

小萱：希望爸爸妈妈停下来，希望他们的关注和理解，希望他们能够和好如初，然后一家三口过着平静幸福的生活。

我：好的，亲爱的小萱，我想告诉你，此刻的你已经是一名大学生了，你已经是成年人了，你现在有足够的力量和能力可以去保护弱小的那个自己了，现在的你是理性而有智慧的你，你已经有能力可以帮助那个小小的自己了。现在你看着这个画面，你可以走进去帮助她，对吗？

小萱：嗯。

我：你想做什么呢？

小萱：走过去，拍拍她的肩膀，拉着她的手，然后给她擦眼泪。

我：非常好，现在你还会做什么呢？

小萱：既然她怎么劝都没有用，那我来帮她，我来劝爸爸妈妈。

我：好的，现在你就站在她旁边，看着两个大人大声地吵着，你就用你的方式，你想说什么做什么尽管去说，去做。然后告诉我，你做了什么。

小萱：我走到妈妈身边，把她拉到一个角落，然后跟她说，妈，你太不容易了，爸爸老是责怪你，怨你，还误会你，他确实没有真的好好理解你，看到你为这个家的付出，是他不对。看到你们这样争吵，我真的很受伤，很难过。我爱你，我爱爸爸，我不希望这个家就这样散了，到底要我怎么做你们才会和好如初？

我：你妈有什么反应？

小萱：妈妈还是很生气，非常生气地甩开我的手说，除非像XX（学霸的名字）那么优秀，什么都不要爸妈操心，我就不和你爸吵。

我：那个小萱听完之后什么反应？

小萱：抱着头在那哭，都是她的错，都怪她表现不好，都怪她学习不努力，都怪她不争气，害妈妈被老师批评，害得爸爸责怪妈妈没有教育好她，都是因为她不够争气，爸爸妈妈才吵架的。既然爸妈认为她只有变优秀了，夫妻之间才会和好，才会不再争吵，她知道只有自己努力变成优秀，比别人优秀才行。

我：她在责怪自己，责怪自己做得不够好，希望自己争气能够挽回父母之间的感情。此刻你站在她身边，想对她说什么或者做什么吗？

小萱：她蹲在那里哭。可是我觉得父母之间的感情和她没有关系，虽然导火索可能是她的学习成绩引起的，但一定不是最根本的原因，而是他们沟通本来就有问题，并不能都怪她。

我：是的，父母的感情不好，不能都怪在孩子身上。看着她在身边哭，你可以做什么吗？

小萱：走过去拉她起来，抱抱她，拍拍她肩膀，告诉她，父母之间的感情和你没有关系，你是无辜的，与你争不争气无关，这只是他们的一个借口。成人的世界可能你现在还不能完全都懂，但是你要知道，不管他们怎么吵，他们依然是爸爸妈妈，依然是自己最亲的人，依然是爱自己的，在乎自己的。

我：当你说完这些，她是什么反应？她相信你的话吗？

小萱：嗯，她有些相信地点点头，情绪平复了些。

我：非常好，现在请你邀请她去一个她最想去的地方，让她把这些伤痛都卸载掉，你看她是否愿意跟你一起去？

小萱：嗯，愿意。

我：现在请你拉着她的手，带着她一起去她最想去的地方，她想去哪儿呢？

小萱：去看雪。她特别向往去看雪，她从来都没有见过雪。

我：好的，现在你们此刻就站在了雪山上，周围白茫茫一片，终于看到了雪了。你看她什么表情？

小萱：很欣喜。

我：好的，站在她最向往的地方，看着美丽的雪景，请你问她是否愿意把她身上所背负的种种的伤痛，包括委屈、伤心、难过，被忽视，被指责、自卑不争气等，把所有的伤痛全部都卸载下来，然后被大风吹走？

小萱：愿意。

我：请你看着她从头到脚、从上而下，把身上每一处的伤痛都卸载下来，然后随着大风一点一点地吹散，吹得远远的，越来越远，远得看不清了。（一分钟后）吹走了吗？

小萱：吹走了。

我：确定全部卸载干净了吗？

小萱：嗯，都卸载完了。

我：非常棒！现在她什么表情？

小萱：很轻松。冲着我笑。

我：非常好，现在你拉着她的手，真诚地告诉她，今后不管发生什么，不管在哪里，我都一直会陪伴你，一直在你身边保护你，接纳你，我会理解你，支持你，给你力量和依靠。说完之后，给她一个深深的温暖的拥抱。

小萱：嗯。

我：非常好，现在你们可以尽情地玩了，你们想玩什么呢？

小萱：堆雪人。

我：你陪着她一起堆雪人，你们玩得非常开心，画面就定格在你们雪山上堆雪人，玩得非常开心的画面上。你们感受到放松愉悦、自然、释然和平静的感觉，记住纯真善意，信任和友善的感觉。请记住这些感觉。记住充满力量，有爱守护，有人陪伴，有人关爱的感觉。把这些感觉深深印刻在你的记忆里，深深地印刻在你的身体里。当你睁开眼睛的时候，这种感觉依然一直在陪伴着你，温暖着你。深呼吸，慢慢地放松。感受身体越来越放松，非常好，现在我倒数五个数，当你醒来之后，你会轻松、平静、自信而有力量。5、4、3、2、1。现在慢慢睁开你的眼睛，我们回到了现在。此刻你的感觉是什么？

小萱：很放松，有种卸载下来的愉悦感，感觉有种力量在支撑着我。

我：是的，过去背负的种种的压力和伤痛在督促你要变得更强大、更完美，才能够得到温馨和谐的家，而现实的你不堪重负，让你越来越没有信心，现在把这些东西都已经卸载掉了，所以此刻的你是自由的、轻松的、有力量的，是那个原本的真实的你。因为原本的你就是充满力量的、有智慧的、有自信的人。

小萱：我明白了。原来我习惯与别人比较，是我一直认为，在比较中如果我赢了，就证明了自己是优秀的，就有能力去保护这个家，现在想想挺幼稚的，这个家并不是靠我比较就可以赢得了的。

我：是的。父母之间的感情出现裂痕，并不怪孩子。之前背负了太多太多的压力和期望，所以这一路走来，我知道你付出了很多的努力，过得特别辛苦，我看到了你的努力，看到了你的付出，看到了你的无助，你曾经经历的这些伤痛，现在都被看到了。你能够释然和放下过去的伤痛，是需要很大的勇气的，你真的非常棒！

小萱：谢谢老师，我有种想哭的感觉。好久没有人能够这么理解我，看透我，懂我了。老师，能够被您理解，被您支持，被您引导，我感到很幸运。现在我才明白过来，我为什么会一直和别人比较了，当我明白了真正害怕的点在哪里之后，我反而坦然了。

我：你现在明白你真正害怕的点在哪里呢？

小萱：之前是害怕家会散，父母会离远离我，不再爱我。现在我已经长大了，看清楚了，父母之间的感情由他们自己决定吧，我应该过自己想要的生活，去做自己想要做的事情。别人优不优秀与我无关，做自己吧，我说得对吗？

我：分析得非常棒，你对自己又有更多地了解和领悟了。看到你对未来、对自我都有更多了解，真为你高兴。

小萱：是的，我想现在这份轻松是我很久没有感受到的，这种感觉真好，我会记住的。

案例分析

通过对小萱案例的梳理，我们看到小萱活在比较中，总是无法释怀，对自己生气和不满、沮丧和自卑，这些情绪一直困扰着她，而拨开这些负面情绪的迷雾，我们看到的是她原生家庭所带来的创伤，不被关爱、不被理解和不被认可。为了获得关爱、认可和理解，她一直在鞭策自己努力变得优秀，想通过比较来凸显自己的优秀，只是为了维护那个可能即将破碎的家庭。透过本案例，我们看到家庭当中父母关系对孩子的影响，感受孩子的无助和无辜，所以原生家庭给孩子带来的伤痛对孩子的影响是巨大的，甚至影响一生。希望通过本案例，让我们更清楚如何在原生家庭里面疗愈创伤尤其成为原生家庭的父母，应该如何更好地积极地去影响孩子。

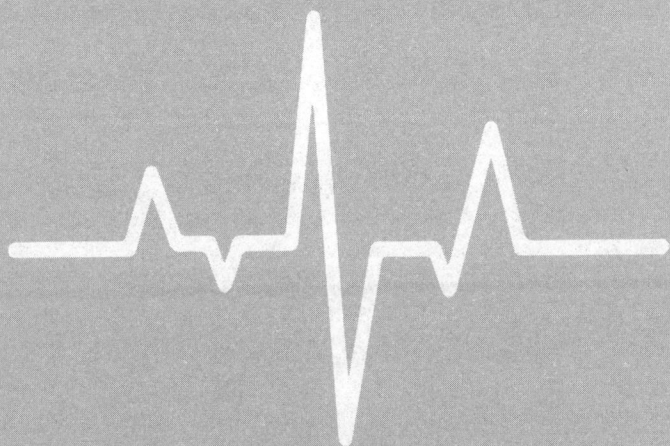

第四篇

拨开嫉妒的迷雾

1. 为什么大家都喜欢她?

　　在我们身边不乏优秀和出色的人,而你如何看待他们呢?是欣赏的眼光,还是嫉妒的眼光?有的时候对别人的优秀并不是心存美慕和欣赏,反而会存在一种诋毁和不满,而这就是嫉妒。嫉妒心会困扰一个人的思绪,甚至做出不当行为,比如诋毁他人、毁坏关系。本案例的主人公小霞,原本觉得生活挺美好的,挺知足的,直到身边出现了一个非常优秀的朋友,她发现周围人的眼光已经不再关注于她了,就开始困惑,开始不满,开始嫉妒朋友的优秀。但她内心始终不能接受自己的嫉妒,却偏偏又产生了嫉妒,她觉得自己困扰在嫉妒的牢笼里,倍感难受和煎熬。让我们一起拨开小霞嫉妒情绪的迷雾,探寻背后的真相。

　　小霞:老师,我非常困惑,我不知道自己为什么会有这样的心理,明明知道别人就是比自己优秀,但是我心里面就是很不舒服,就是会很不开心。我觉得自己挺阴暗的,竟然希望对方出丑,希望她被人批评指责,怎么会这样?

　　我:你感到困惑和矛盾,你不太愿意去接纳自己内心真实的声音。是这样吗?

　　小霞:对呀,我思考过,觉得这是嫉妒,可是我怎么会去嫉妒别人了?嫉妒一点都不好,但是我内心偏偏就已经在嫉妒了。我知道其实心里面就是嫉妒她,她凭什么可以得到大家的掌声,得到大家的目光?

　　我:你内心有一些不满,在别人眼里她很优秀,但其实在你的眼里,似乎好像并没有那么好,是这样吗?

　　小霞:是的,我心里好像很不甘心,觉得她表面上看很优秀,大家都说她取得了多好的成绩、待人有多好、多体谅别人、多有礼貌等,可是我和她很熟悉,我清楚她的为人，她背地里并不是这样的，很多时候她都是在装，并没有那么优秀，她也做过很多过分的事情，比如借东西不还，可是为什么大家还是喜欢她？我觉得我并不比她差，为什么我得不到这样的目光？

我：你很希望大家能够把更多的目光投射到你身上，让大家更多地看到你，认可你，是这样吗？

小霞：嗯，其实我承认她有很多过人的地方，比如学习成绩和舞蹈水平，这些是我达不到的，可是我也不差呀，为什么我却得不到大家的认同和关注？感觉和她在一起，我就是一个影子，聚光灯永远是在她身上，而我就是一个普通的背景，面对这样的情形，我感到很厌烦和疲惫，觉得很无趣，所以我在远离她，疏远她，但我内心的嫉妒却依然还在。

我：你的努力和表现很多时候被她的光芒盖住了，我能感受到你的压抑和一些愤怒情绪，是这样吗？

小霞：嗯，我确实是愤怒的，我以为这个世界是充满公平的，当我和她一样有好成绩的时候，大家关注到的是她，而且给她掌声。而我呢，也许是比她弱那么一点点，但是我却得不到这个掌声，为什么？

我：你希望得到他人同样的对待和关注。

小霞：是的，所以我就很想诋毁她，然后在其他很多同学和朋友面前说她的坏话，其实我知道我这样的行为是不对的，但是我就是忍不住说她坏话，就是想要去诋毁她，就想要全世界的人都知道，其实她没有那么好。

我：因为心生嫉妒，自己做了一些不太道德的事情，非你本意。

小霞：嗯，我并不是真的要去破坏她、伤害她。我就是心里面很不服气，就是愤怒，就想发泄。我感觉如果大家知道她没那么优秀后，我心里面就舒服多了，但是我知道我这样很不好，我不是这样的人，可是我偏偏做了背后说人坏话这样的事情来，我其实真的不是这样的。

我：你对自己做这样的行为感到有些失望和不满。

小霞：很不满，我其实不是很接受自己是这样子的人，所以我想寻求老师的帮助，我到底应该怎么办？

我：小霞，感谢你能够如此相信我，把你内心最真实的一面向倾诉。现在请你评估一下，面对这种嫉妒的情绪，如果 0~10 分来评估的话，0 分是一点都不嫉妒，10 分是非常强烈的嫉妒，那么此刻你的这种嫉妒强度是多大？

小霞：8 分。

我：好的，这是强度比较高，现在请你闭上眼睛慢慢感受一下嫉妒这种情绪，请你从头到脚扫描一下全身，去感受一下嫉妒情绪在你身体的哪个位置是比较不舒服的？

小霞：感觉自己的心跳非常快，心里有一团怒火。

我：好的，这种嫉妒的情绪在你心脏部位表现非常明显。现在请继续闭上眼睛。听我的指令：深呼吸，深深地吸气，吸入你想要的平静、自信、力量和安全，把你不想要的那些嫉妒、难受、不甘心、失望等通通都呼出去。非常好，继续做深呼吸，吸气，吸入你想要的平静、自信、力量和安全，把你不想要的嫉妒、难受、不甘心、失望等通通都呼出去，继续深呼吸 5 次，你会感觉到，随着每一次的呼吸，自己内心会越来越平静，越来越放松，越来越放松，越来越平静。现在请你再去感受下自己的心跳，你感觉到了什么变化？

小霞：感觉轻松了很多，心跳基本上恢复到了正常水平。

我：好的，现在请在你头脑当中尽可能地去回忆在你从小到大的经历中，引发过你心跳加速的、感到不满、不甘心、不公平的让你心生怨气的事件，尽量去回想，不着急，慢慢想。

小霞：（沉默两分钟后）我记得有一次是伤我伤得还蛮重的事情。在我初二那一年，在集体宿舍生活，有一次宿舍关灯的时候，我和另外一个舍友在讲悄悄话。结果宿舍其他六位同学都抨击我，说我不注重宿舍集体生活，影响她们休息，都来指责我、骂我，甚至特别难听的话都有，好像她们把以前堆积的很多怨气通通都发泄在我一个人身上。我很纳闷的是，为什么她们都不指责另外一个舍友，毕竟又不是只有我一个人说话，凭什么他们都攻击我？仅仅是因为我平时不怎么讨她们喜欢，比较孤僻内向吗？仅仅是因为我学习比较差？仅仅是因为我很好欺负，所以才这样对我？我觉得非常不公平，我非常生气，但我还是和她们解释，试图和她们讲道理。可是她们都不听，就是肆无忌惮的整整一个晚上都在否定我，批评我。我难受极了，觉得世界非常不公平，因为这个舍友和她们关系比较好吗？因为她比较优秀吗？难道这样就可以肆无忌惮地颠倒黑白？（大声哭泣）

我：（轻拍她的肩膀）亲爱的小霞，当你在脑海中再次看到这样画面的时刻，请你看着画面当中那个自己，那个被同学攻击否定指责的自己，你看到了她什么？

小霞：她在那哭，无力地争辩。

我：她此刻一定非常无助，对吗？

小霞：对。

我：亲爱的小霞，继续深呼吸，吸入你想要的力量、平静和智慧，你现在已经是成年人了，已经不再是那个初中生了。你现在完全有能力去应对这种情况了，去感受下现在的你是有力量的，是自信的，是有勇气的，是平静的你。你现在已经有能力去保护过去那个弱小的自己了。看着那个无助的、无力去辩解的、受伤的、委屈的自己，你看着她，你想对她说什么呢？

小霞：既然她们都不听你解释，那算了，多说无益，何必去争呢？她们都已经这样了，与其让自己难受不如坚强一点，不理会她们，不和她们计较，她们爱怎么说就怎么说，也许她们发泄完就好了。

我：当你这样说完之后，你再看看那个自己有什么反应呢？

小霞：还是很伤心、很难过。

我：你可以过去抱抱她吗？

小霞：嗯，可以。

我：请你走过去给她一个大大的拥抱，就这样抱着她，告诉她，此刻我会陪着你一起去面对，我能感受到你的无助，你内心的脆弱，我知道其实你一直都很努力，在追求自己的目标和理想，也一直想成为心目当中的自己，但是总会出现被误解、被伤害的情形。我能感受到你的伤痛，我愿意陪着你一起去面对，请相信我，我会一直陪伴在你身边。把这些话告诉画面当中那个自己，说完之后你感受一下那个小霞会有什么反应。

小霞：没有再哭了，轻松了一些。

我：好的，请你拉着她的手。你愿意带着她去一个比较自由和放松的地方释放一下内心的负能量吗？

小霞：如果可以，我愿意。

我：好的，请你拉着她的手，你想带她去哪儿呢？

小霞：我想带着她坐在高高的田埂上，望着蓝天白云，看云卷云舒。

我：好的，现在你们就坐在高高的田埂上，微风拂面，望着蓝天白云，看着云卷云舒。你们手拉着手，肩并着肩，此刻你的感觉是什么？

小霞：很放松、很自在和惬意。

我：身边那个小小的自己呢？

小霞：很开心、很放松。

我：现在请你真诚地告诉她，现在的你是自由的、是放松的、是开心的、是快乐的、是自信的你，我喜欢你开心快乐的样子，即使你不开心而忧愁满面的时候，我也同样接纳和喜欢你，因为这就是你最真实的样子，未来的日子里，我会一直陪伴在你身边，守护你，给你力量，给你依靠和支持。未来我知道我有更多责任要去保护你，要去守护你，未来不管是鲜花和掌声，还是荆棘和困难，我都会陪你一同去经历，一同去感受。我会陪着你，不离不弃。你所有的努力和付出，我都会看见。我深深地理解你。未来的日子里，请允许我走进你的生命，和你一起度过。请把这些话告诉她。说完之后看着她的眼神。她相信你吗？

小霞：嗯，相信。

我：非常好，此刻你看到这样的画面，你们两个坐在高高的田埂上，肩并着肩，手牵着手，望着蓝天白云，看着云卷云舒，内心感受到放松、平静、智慧和有力量。把这些感受深深地印刻在你的身体里，流淌在你血液里，让身体记住这些感觉。当你睁开眼睛的时候，这些感觉一直都在，它们会陪伴着你。非常好，现在继续深呼吸，让身体慢慢地放松下来，慢慢地放松，当我倒数5个数的时候，请你慢慢地睁开眼睛。5、4、3、2、1，请睁开眼睛。体会一下此刻的感觉。

小霞：（舒了一口气）心情很舒畅，很轻松。

我：非常好。现在看到你腰背挺直，目光坚定而有神，露出真诚迷人的笑容，我感到很开心。

小霞：确实舒服了，这种感觉真好。

我：从刚才的过程当中，我把你带到了过去的创伤里，重新去看过去的经历。因为你现在的伤痛和现在的情绪往往来源于过去的伤痛没有被看见和疗愈，因为过去有类似的经历，所以很容易被触发，遇到这种不公平待遇的时候，就会激发你过去的创伤，引发你很多的伤痛和身体反应。其实嫉妒并不是不好的情绪，它是在提醒你看到过去的伤痛，提醒你要学会保护自己，要学会变得坚强、变得勇敢、变得有力量、变得更强大，从而去更好地保护自己。所以嫉妒其实只是起到一个指示灯的作用，只是在善意地提醒我们可以怎么去做，所以请接纳它。

小霞：我好像明白，我不喜欢它，我一直都觉得嫉妒不好，所以我不希望它出现，可是我控制不了，它还是悄无声息地就产生了，所以引发我对自己的不满。我不喜欢这样的自己，但我越不喜欢这样，我就越觉得被困扰住了，我想走出来，可是我做不到。原来我并没有接纳它，并没有看到它其实是善意的。

我：是的，负面情绪往往很容易困住一个人的内心，当你试图越想挣脱的时候，其实越难挣脱，人和情绪就像树和藤的关系，当我们越想挣脱和越努力挣脱的时候，其实这个藤缠得越紧，你越对抗，它就越强大，越无法摆脱。所以当你去看见它，去接纳它，并感谢它善意提醒你的时候，那么当它被看见的时候，它的力量就弱了，因为你已经满足了它的需求，所以对待嫉妒，请你善待它，感谢它，还要和它说声抱歉。

小霞：为什么要感谢和抱歉呢？

我：因为情绪本身没有好坏之分，它是人的一种主观感觉，就好像当我们看到蛇时，很自然地就会产生害怕的情绪，所以任何的情绪都是善意的，都有它出现的理由，我们要对这些负面的情绪说声抱歉，因为之前我们忽视它，我们否定它，我们打压它，我们排斥它。它其实只是想善意提醒我们，所以我们要跟它说声抱歉，另外也要跟它说声感谢，正是因为有嫉妒，你才会知道自己的差距在哪里，你才会知道接下来自己可能的努力方向在哪里，所以它是在提醒你，希望你可以变得更好，对吗？

小霞：我懂了，原来情绪是这样的，看来我真的误会了，我误解了情绪，一直以来，我对负面的情绪都非常排斥，觉得自己不应该嫉妒，不应该焦虑，不应该生气等，我现在终于知道为什么当我越不想要它们的时候，它们越把我困住了。我现在终于明白了，原来我在和它们对抗。

我：当你知道这个真相的时候，信息你的内心变得更柔软和平静。

小霞：我明白了，原来嫉妒是在保护我，因为它可能觉得我不太安全了，我感受到压力了，周围的人比你优秀的时候，会有一种压力感，一种压迫感，所以它感受到了威胁，出来提醒我。其实是让我有一种压力感让我去提升自己，让我看到自己的不足。我现在接受它了。

我：非常好，带着善意和接纳，我相信，嫉妒会因为被你看见而慢慢地释放和消失。我相信接下来的你，会越来越活成自己想要的样子。

小霞：非常感谢您今天帮我疏导我自身情绪的问题，我感觉收获很多，至少我知道原来我内心真正害怕的是和别人产生距离感。我真正害怕的是被别人误会，不被别人看见，不被别人接纳，所以感谢情绪，感谢嫉妒，谢谢。

案例分析

通过以上对小霞案例的分析，我们发现嫉妒的根源是过往不被看见和不被接纳的创伤，当这些创伤重新呈现在我们面前的时候，当我们去觉察和看见的时候，也就意味着可以去疗愈它。当我们抱着真诚的感谢去看待嫉妒情绪，去接纳它，去接纳过去的伤痛的时候，我们会发现我们真的可以活得越来越有力量，会越来越坚定，越来越平静。

2. 嫉妒妻子的丈夫

在婚姻关系里，我们都希望彼此相互扶持，白头偕老，共同成长。当伴侣比自己更优秀、更出色的时候，我们更多的是欣赏和欣慰。而本案例的主人公阿成，和妻子步入婚姻两年，他感觉自己越来越不能容忍妻子超越自己。当看到妻子比自己更出众、更优秀的时候，他的内心就不平衡，于是他通过否定、诋毁、发脾气等方式企图打压妻子，来宣泄自己的不满，因而他们之间的婚姻也岌岌可危。其实他内心嫉妒妻子的优秀和出众。通过本案例，让我们一起拨开阿成的嫉妒情绪，探寻背后的真相。

阿成：我们的婚姻岌岌可危了，我的妻子现在和我闹离婚，可是我不想结束这段来之不易的感情。这段婚姻是我们好不容易才争取而来的，经历过五年的爱情长跑才最终步入婚姻，经历过很多很多的困难和波折，但我们最终都挺过来了，所以我不想就这样结束。我想请教您有什么办法可以挽救我的婚姻吗？

我：你不想失去这段感情，你们之所以走到今天，主要是什么原因造成的，可以和我说一说吗？

阿成：我知道是我的问题，我不知道从什么时候开始，我好像很看不惯我妻子的一些言行。所以我就会去否定她，就会去斥责她，就会和她闹脾气，甚至还想动手打她，但是还好我忍住了，我知道不可以打人，但是我不知道我哪来的怒火。

我：妻子身上的一些言行引发了你发脾气的冲动，那么她的哪些言行触动到了你呢？

阿成：确切地说，就是我见不得她比我好，比我更受欢迎，和同性或者异性交往的过程当中，大家更喜欢和她聊天，而不怎么跟我说话，我觉得我很无能，我很孤独，我不被关注，我就会很难受。再比如说，她工作最近越来越出色了，我们两个是在同一个单位上班，而现在呢，领导打算提拔她，而我却一直很平庸，所以我觉得很没面子，内心就是有一股火，就觉得想发泄出来，就不允许她超过我。所以妻子说我无理取闹，说我自私，我可能真的是这样。

我：听起来，你不太能接受妻子的优秀，也就是说，在你的认识里，妻子应该要比你弱，你会更喜欢这样的妻子，但她比你更强之后，你就会感到不安和焦虑，觉得受到了威胁，是这样吗？

阿成：是的，我确实会感觉有压迫感，有一种压力让我去做一些不可理喻的事情。比如说，她跟同事聊得热火朝天，同事就没有关注我，没有跟我说话时，我就会拉着妻子走，然后就对同事说，不要和我妻子走得那么近。结果我的人缘越来越差，我的妻子也对我越来越不满，她觉得我在限制她。

我：你妻子感受到你的控制，她想挣脱。

阿成：对，这也是我们婚姻走到边缘的主要原因，因为我都是跟她吵，她不怎么理我的时候，我就更生气，觉得她竟然敢忽视我，竟然不愿意理睬我，是不是觉得我无能？是不是觉得我很平庸？是不是觉得我配不上她？所以我就越来越焦躁不安，我就越想通过一些事情让她看到我的强大，就是想让她关注到我，可是我发现事实并不是这个样子，所以我妻子对我越来越抱怨，越来越多的不满，我们现在基本上隔三岔五都要吵架。

我：目前你觉得婚姻当中充满了冲突。其实你很在乎你的妻子，很在乎这段感情，你希望她能够看到你，能够去接纳你的平庸，是这样吗？

阿成：不完全是这样，我还希望她能够不要那么优秀。

我：我能感觉到你似乎对她优秀有一些担忧，有一些害怕。

阿成：嗯，好像是。我害怕她比我更出众、更优秀、更厉害。

我：如果妻子比你更优秀、更厉害的话，会怎么样呢？

阿成：我就会很不安。

我：你试想一下，如果你的妻子现在就是非常的出众和优秀，所有人都关注到她，那这样会出现什么样的结果呢？

阿成：那就会觉得我很无能，我很懦弱。

我：你无法接受自己是平庸的，是懦弱的。

阿成：对，我不甘心平庸。

我：那你不甘心平庸，是不是也可以通过努力呢？你之前是否也有想过这种方法？

阿成：嗯，我想过，可是我发现自己是排斥的，我发现我动力不足，我安于现状，我觉得自己这样挺好的，但是我无法容忍妻子比我更好更优秀。

我：如果妻子比你更优秀，就意味着衬托你的平庸和无能，就意味着你更不会被关注和被别人接纳，是这样吗？

阿成：是的，我真的希望能够成为一个顶天立地的、有力量感的、强大的男人，可是我在我妻子面前，我却感受不到这种力量。我感觉我是弱小的，她是强大的，她是强势的，她一直在压着我，让我喘不过气来。尤其这段时间，她的工作时间特别多，投入特别大，领导也非常器重她，对我爱搭不理的，我觉得我就受不了了，我就特别想破坏她的事情。

我：当你现在跟我说这些话的时候，似乎夹杂着一丝的愤怒和不满。

阿成：对，一想到这，我就火。

我：好，如果现在让你来评估你当下愤怒情绪的强度的话，0~10分来评估，0分表示一点都不愤怒，10分表示极其强烈的愤怒，现在你觉得自己达到几分的水平？

阿成：9分。感觉就是在冒火，就是特别想发泄骂人的冲动。

我：好的，阿成，现在请调整一下你的呼吸，听从我的指令，深呼吸，深深地吸气，吸入你想要的平静和放松，慢慢地呼气，呼出你不想要的愤怒，继续深呼吸，闭上眼睛，吸入你想要的平静和放松，然后慢慢地呼气，把你不想要的通通都呼出去，非常好！继续深呼吸8次。深深地吸气，慢慢地呼气，随着每一次的呼吸，你会感觉到自己的身体越来越放松，越来越平静，越来越放松，越来越平静。现在请你去感受自己的愤怒，去感受这种情绪，去感受在哪个身体部位是比较不舒服的，感受比较强烈的。

阿成：每次愤怒的时候，我都会胃疼。

我：好的，现在请把你的手轻轻的温柔地放在你胃部不舒服的位置。把手的温暖和关怀带到那，并轻轻地安抚它，轻轻地揉一揉肚子，让胃感受到手部带来的温暖和关怀，把你的关怀和慈爱带给它。你的胃现在已经在慢慢地感受到了温暖和关怀，你在感受它似乎慢慢地平静下来了，慢慢地，请你仔细去觉察、去感受你的胃越来越柔软平静。能感受到吗？现在请你感受一下胃现在还非常疼吗？

阿成：嗯，感觉没有不舒服了。胃部也温暖了起来。

我：好的，现在请你继续闭上眼睛，仔细地回忆一下，在你从小到大的经历当中，有没有发生过类似这样的被控制、被压抑、不被看见、不被重视所引发过你比较强烈情绪的事件吗？仔细地搜寻，在你的记忆深处，把它找出来，让这段记忆慢慢地浮现出来。不着急，慢慢地去回想，慢慢地去感受，让它自然地浮现出来。当你可以比较清晰地看到它的时候，请把你看到的画面告诉我。

阿成：我记得，在我小时候，有一次，我妈给我和弟弟一人一个面包，我弟弟很快就把他的吃完了，就过来抢我的面包，结果我没有防备，就被他抢走了。我当时非常生气，那是属于我的东西啊，所以我就打了他一拳，结果我弟弟哭天喊地，哭声引来我爸的注意。后来我爸非常严厉地斥责我，让我整整站了一顿饭的时间，还不让我吃饭，责怪我作为哥哥没有让着弟弟，还动手打人。我第一次看到我爸发这么大的火。我感到非常委屈，为什么需要我让着弟弟呢？是他先抢我在先的啊，这个面包原本就属于我的，他为什么要和我争，属于我的东西被人抢走了，我不甘心，所以我抢回来，我并不是故意要去打他的，我只是想拿回属于我的东西，可是爸爸只顾护着弟弟，并没有听我解释，我非常难过和委屈，我觉得我爸爸更爱弟弟，好像不爱我了。

我：在画面当中，你感受到弟弟不仅抢了你的面包，其实还一定程度上抢走了爸爸的爱，是这样吗？

阿成：嗯，我觉得自从弟弟出生以来，我发现我爸妈好像不爱我了，什么好吃的好玩的都给弟弟，弟弟有很多新衣服穿，可是我都没有。弟弟还有很多的零食，最关键的是，只要弟弟一哭闹，全家人都围着他，我感觉自己就是缩在角落里面的隐形人，感觉自己好像不属于这个家。您知道吗？在弟弟还没有出生时，我也是全家人关注的焦点，爸爸妈妈都是爱我的，什么都会给我，可是为什么弟弟出生之后，世界就变了。弟弟把属于我的所有的一切都拿走了，为什么会是这样子？

我：你觉得弟弟抢走了属于你的一切，包括父母亲的爱，你感受不到很多的关注和温暖。

阿成：对，所以我很恨我弟弟，我很讨厌他，都是因为他的出现抢走了我的一切。

我：看着这个画面，看着被父亲惩罚的那个小小的你，你的感受是什么？

阿成：他很孤独，站在那里，很委屈，很生气，却很无力。

我：此刻的阿成，已经是30多岁大人了，现在的你是一个成熟的男人，你已经有了自己新的家了，你是有力量、有勇气、有智慧的你，你是理性的、平静的，现在你看着画面当中那个弱小的、无助的、委屈的自己，你可以走过去抱一抱他，安抚他吗？

阿成：嗯，我会抱抱他。

我：非常棒！走过去抱着他，并且告诉他，"我看到了你的委屈，我感受到你的孤独和无助，看到爸爸这么维护弟弟，确实非常委屈，我理解你。"当他知道你理解他的时候，他有什么反应吗？

阿成：他哭了，放声大哭起来。他之前一直都在隐忍着，他不能哭，有委屈了就往肚子里咽，反正说出来也没有人会去听，就算哭了，别人也不看你，没有人理解你，没有人知道你想要什么，爸爸妈妈不在乎你。现在有一个人抱着他，理解他，他觉得很感动。

我：好的，你就这样抱着他，让他把内心中很多积压的怨气和苦楚都哭出来，都发泄出来。此刻你的旁边还站着严厉的父亲，你想对父亲说什么？

阿成：他还那么小，因为一个面包，至于不让他吃饭吗？虽然您是要惩罚他，可是难道您就一点错都没有吗？他之所以这么做是有原因的，你为什么就不听他的解释？难道你真的不在乎他吗？你有没有想过他会难过，你有没有关心过他？他也是您的孩子，难道在您的眼中，真的只有弟弟吗？

我：当你说完之后，你看到爸爸是什么反应？

阿成：他很生气，他在辩解说自己并没有只爱弟弟不爱哥哥，他只是觉得哥哥应该要保护弟弟，应该要让着弟弟，他说两个孩子都是他的心头肉，他都爱，只是弟弟更弱小，所以更需要被保护，但其实在他内心里面，他一直深爱着这兄弟二人。

我：你听完是什么反应？还有什么话要和爸爸说吗？在这个画面中都把内心话表达出来。

阿成：老爸，一直以来，你和妈妈那么疼宠弟弟，已经很久都没有抱过我了。吃饭的时候，也都是让我一个人坐在离你们位置比较远的地方，你们三个人更像是一家人，我感觉被你们孤立了，你们都没有在乎过我的感受吗？为什么每次犯错，你们都要先责怪我，难道弟弟就没有错吗？我好希望你们可以关心我、表扬我、在乎我，听听我的委屈和心里话，不要什么事情都顾着弟弟。我也是你们的孩子，你们这么做让我很受伤，我觉得我好像不属于这个家里面的成员，所以我想离开，可是我又无力离开。

我：当你说完之后，你爸爸什么反应？

阿成：他是惊讶的，没有那么严肃了，然后似乎有点内疚地说，"可能我这个父亲真的太失职了"，然后那边自言自语边慢慢地走开了。

我：当你把内心的话向父亲说完之后，现在有没有感觉轻松一些？

阿成：嗯，确实把我内心积压的很多东西当面跟我爸说出来了，我觉得我的内心好像释放了很多，平静了很多，没有那么愤怒了。

我：请你再看一看你身边抱着的那个小小的自己，你看到了他什么？

阿成：有惊讶，有感激。因为我把他内心的话都说出来了，感激我在保护他，维护他，能够和他在同一战线对抗他爸爸，所以我能觉察出来他是开心的。

我：好，现在请帮他擦干脸上的泪花，告诉他，你所经历的所有伤痛，我都看见了，你的孤独无助、你的伤心和委屈，你的不被在乎和关爱，我的看见了。我知道你一直都是非常棒的孩子，非常懂事，体谅父母亲，有自己的想法和主见，也很独立，我理解你特别想获得父母亲的爱和关注，所有的一切，我都看到了。现在是否愿意和我一起把身上所背负的种种的伤痛，包括所有不开心的、伤心的、委屈的事情，通通把它卸载下来，变成泡泡，然后随风吹散呢？

阿成：嗯，他愿意。

我：好的，现在请你看着他从头到脚、从上而下把他过往的种种不开心、不愉快的经历，就像吹起来的泡泡一样，从身上卸载下来，一个一个地吹向高高的天空，随风吹散直至消失不见。（约两分钟后）卸载完了吗？

阿成：嗯，完了。

我：此刻你身边那个小小的他是什么样子呢？

阿成：特别可爱，特别机灵活跃的一个小朋友。在那儿活蹦乱跳。

我：看到他开心雀跃，你的感受是什么？

阿成：我也很开心。很久没有看到他这么自然这么开心的样子。

我：非常好，请你拉着他的手，告诉他，"未来的日子里，我会继续陪伴你、保护你，会和你一起经历未来所遇到的风风雨雨。我会守在你身边，会看到你的一切，看到你的努力，看到你的成长，看到你的伤痛，即使未来仍然会遇到误解委屈和伤痛，请记得，你不是一个人，你还有我，我一直都在你身边陪伴着你，我会给你力量和支持。请相信我爱着你。不管你是什么样子的，我都依然爱你、接纳你、在乎你。"当你说完之后，你觉得他是否相信你说的话？

阿成：嗯，他相信我，他抱了我一下。

我：非常棒！也请你也给他一个真诚的拥抱。你们将融为一体，允许他一直住在你的内心，你要守护他成长，陪伴他、呵护他、保护他。现在的你是成年男人了，你是拥有力量和智慧的成熟男子汉，你再也不是当初那个脆弱的自己。相信你可以去改变和守护纯真的心灵。记住此刻的你是充满力量的、平静的、智慧而富有理性的男子汉，记住这些感觉，把这些感觉深深地印刻在你的身体里，印刻在你的大脑里，这些感觉会一直陪伴着你。现在请听从我的指令，让自己的思绪和注意力慢慢地回到现实当中，回到这个房间，然后请慢慢地睁开眼睛。此刻回到这个咨询房间，你的感觉是什么？

阿成：很舒服。

我：你之所以会对你的爱人产生这样的抵触，不愿意她超越自己，根源在童年经历当中的创伤，根源于过去对弟弟的嫉妒内化投射到妻子身上。通过刚才的画面处理，我们再次回到了过去，看到了那个创伤，看到了那个小朋友，看到了他已经长大，已经在你的陪伴之下天真快乐幸福地成长。

阿成：我明白了，原来是这么一回事啊，我自己还在纳闷，为什么会一直打压和不允许我爱人超越自己，原来是我以前的伤痛一直在影响着我。

我：是的。现在如果再让你来评估你对妻子比自己优秀所引发的愤怒情绪，现在是几分？

阿成：已经不愤怒了，感觉挺内疚自责的。很后悔自己做了一些伤害我妻子的事情，让她伤心了。

我：伤痛已经产生，允许自己有情绪，去接纳它。现在的你可以做什么呢？

阿成：嗯。明白了。过去的伤害已经发生了，我无力改变，能做的就是从现在开始，好好调整自己的状态，然后用尽全力珍惜现在的生活，弥补我之前的过失，好好爱她。我等一会儿回到家就去做她最爱吃的菜，等她回来好好跟聊聊，真诚地告诉她那些引发我真正的问题和根源，包括今天的过程，我都会告诉她。今后我会好好珍惜，请她给我一个改过自新的机会，从点滴做起，还是需要自我成长，自我改变，为了心爱的她，也更为了我自己。

案例分析

通过对阿成案例的分析，我们发现，在现实生活当中他对妻子的责骂、打压和发脾气的背后，真正的根源在童年时期兄弟之间的嫉妒和遭到不平等对待的创伤，由于缺乏父母亲的关爱，安全感和关爱的需要没有得到满足，所以一直影响他现在的情感生活。所以拨开嫉妒情绪的迷雾，我们看到的是童年时期兄弟之间嫉妒和缺爱的需求没有被看见和满足。

3. 吃孩子醋的妈妈

在一个家庭中，作为父母自然地会把很多的爱和关注放在孩子身上，对宝宝总是出于天性倾注很多。我们对待宝宝是温柔的、慈爱的，觉得这是很正常的一种态度。而在夫妻关系中，你有没有因为伴侣对孩子非常呵护和宠爱而吃醋的呢？本案例的主人公阿燕，生完孩子后，身体恢复得很好，月子调养得也比较顺心，现在宝宝3个月了，非常讨人喜欢，她也非常爱宝宝，但是一遇到丈夫抱着孩子，轻柔地呵护他，哄他入睡时，她的内心就无法平静，会升起一股嫉妒情绪，嫉妒孩子可以得到丈夫全身心的关爱和投入。其实丈夫对她一直都很好，她无法理解自己为什么会有这种嫉妒的情绪，甚至因此而发脾气，影响了家庭关系和夫妻关系。到底是什么触动了阿燕的嫉妒情绪呢？让我们拨开嫉妒情绪的迷雾，一起探寻真相。

阿燕：这段时间，我一直有个很大的困扰，我常常睡不着觉，已经差不多有两个星期都没有睡好，有的时候是失眠，有的时候是做噩梦。因为休息不好，状态很差，就很容易发脾气，半夜还要起来喂奶，我就很不耐烦，所以导致孩子的状态也不好，时不时地哭闹，这样就会加剧我的情绪。所以我发脾气的次数越来越多，再这样下去我快要崩溃了。我想过很多很多的情形，就是不知道为什么我会有这种状态，就是无法正常地看待我老公百般娇宠孩子的画面，当我看到我老公抱着孩子在那安抚着他、和他逗着玩的时候，我的内心就很躁动，我就感觉有一股莫名的嫉妒，我在嫉妒我的宝宝，天呐，我竟然嫉妒宝宝可以得到爸爸百般娇宠的关注和投入。我一直也在反思，我老公对我不好吗？也不是，自结婚以来，我老公对我其实挺好的，只不过他对待我的态度是对成年人该有的尊重、和谐和亲密态度。我竟然会吃孩子的醋，我实在是无法理解为什么会有这种问题，而且这种情绪已经困扰了我日常的生活，我没有办法很好去做一名母亲，我觉得自己越来越不合格了，我的内心其实特别内疚，看到孩子哭闹，我就很内疚，我觉得我这个妈妈怎么这么自私，怎么会吃孩子的醋，怎么会嫉妒孩子呢，竟然还发脾气？所以我想寻求帮助。

我：当你觉察到自己吃醋、嫉妒孩子，包括失眠，这样的情形大概持续多长时间了呢？

阿燕：持续半个多月了，而且这半个月，自己睡不好，所以整个人状态就不行，就很容易发脾气，而且经常会把无辜的老公和孩子也扯进来，我会莫名地向我老公发脾气。其实他下班回到家本身很累的，还要去安抚孩子，而我还会莫名其妙地去数落他，向他发脾气。我觉得好像越来越不像自己了，所以我不知道问题出在哪里，我能想到的就是刚才说的，我在嫉妒孩子，我嫉妒他可以得到我老公全部的爱。

我：你刚才说你有觉察出自己在嫉妒孩子，那实际上你并不缺乏被老公爱的感觉，对吗？

阿燕：对，我知道我老公是爱我的，而且平时也对我很好，也挺照顾我的，我就感觉好像缺点什么。比如说，他没有像对待孩子那么有耐心地对待我。他没有在我身上投入太多的时间，自从有了宝宝以后，他更多的是关注宝宝，一下班回到家就去找宝宝在哪里，然后就去抱着他，哪怕宝宝睡着了也是坐在旁边很慈爱地看着他睡觉，好像看不腻似的。

我：当看到你老公全身心的对待孩子的时候，你的感觉是什么？

阿燕：不舒服，其实我知道我老公爱孩子，这是多好的事情啊，但是我内心就是很不舒服，就觉得他怎么没有这样对待我过。

我：所以你很希望爱人能够全身心地对待你，而不是忽略你，就好像他一回到家，他除了关注孩子之外，能不能去关心一下你，对吗？

阿燕：是的，感觉自从生了宝宝后，我老公眼里好像只有孩子没有我，但是他又能帮我分担家务，尽量体谅我，让我多休息，只不过他在家大部分的时间和精力是在孩子身上的。

我：所以你同样也特别希望可以得到你老公全身心的关注和爱，因此你觉得自己是在嫉妒孩子。

阿燕：对，是这样的。

我：因为嫉妒孩子，情绪波动比较大，所以发脾气，夫妻关系引发一些冲突。事后对丈夫和孩子又感到内疚，所以你最近似乎陷入嫉妒和内疚的一些情绪当中。

阿燕：对，我觉得自己挺矛盾的，又控制不住，就想莫名其妙地想发脾气，发完之后又觉得好内疚啊，作为妈妈怎么可以这个样子，作为妻子怎么可以这个样子，为什么当时我就控制不住呢？

我：所以真正困扰你的是发脾气、嫉妒、内疚等这些情绪的困扰，对吗？

阿燕：是，所以我到底应该怎么去调整情绪呢？

我：情绪的产生在于周围的环境事物是否满足了你内心真正的需求。你希望得到爱人全身心的爱，而现实生活似乎并没有完全得到，因为爱人更多的投入在孩子身上，所以你的负面情绪，比如嫉妒、生气等就自然而然产生了。

阿燕：那产生之后怎么办呢？

我：管理情绪有一些方法，但是我更需要和您说的是更深层次的问题是为什么你特别想获得爱人全身心的关注。所以让我们一起去寻找背后真正的根源，只有找到它，才能够最终疗愈它。

阿燕：需要我怎么做呢？

我：接下来请你以自己最舒服的一个姿势坐下来。调整好自己的坐姿，现在请你闭上眼睛深呼吸，深深地吸气，吸入你想要的平静、放松和力量。然后慢慢地呼气，呼出你的嫉妒、内疚、自责、烦躁等。继续深呼吸 6 次……随着每一次呼吸，你会感觉到自己越来越放松，越来越放松。非常好！慢慢地感受自己的呼吸越来越均匀，速度越来越慢，感受自己越来越平静，越来越放松。现在你已经非常平静和放松了，请你尽可能回忆在你童年经历当中父母对待你的态度，我们记忆深处有非常多的画面，请你选择一个印象最深刻、影响最大、情绪比较大的画面，让这个画面慢慢地浮现出来。让这个画面在你脑海中呈现，越来越清晰。当你看清楚这个画面的时候，请如实地描述出来你看到的什么，好吗？

阿燕：我看到自己被关在以前破旧的房子里，我在那一直哭一直闹，一直敲打着门，可是门始终没有开。

我：你看到那个小小的自己被关在房间里，那时候她几岁？穿什么衣服？能看得清楚吗？

阿燕：她扎了两个小辫子，穿着旧裙子，差不多四五岁吧，哭得稀里哗啦，却终究没有任何人理睬。

我：周围没有人吗？为什么没有人理睬她？

阿燕：爸爸妈妈把她关在房间里，然后去打工了。我爸妈那时候是帮别人建房子的工人，所以觉得把小孩子带去工地非常麻烦，所以干脆就把孩子锁在房间里，不让她出去，免得外面瞎跑出危险。

我：父母亲没有空照顾她，把她关在家里，她一直敲打着门却始终没有回应，她有什么感觉？

阿燕：她很害怕。她那么小，这个老房子很破，光线比较暗，她其实很怕黑，所以她想出去。外面是大白天，光线很亮，而且她可以去找小伙伴玩，所以一直在拍打这个门，可是周围所有人都听不见，因为其他的邻居住得比较远，都听不到她呼喊的声音。

我：所以你能感受到她的无助对吗？

阿燕：（点点头）特别无助，特别伤心，甚至有一丝绝望。她想质问父母为什么要把她关起来，为什么要限制她的自由，为什么不让她出去玩？

我：看着画面当中那个无助的小小的她，而此刻的你是一个成年人，而且已经成为一位妈妈，你现在已经完全有力量和能力去保护过去那个小小的自己了，你完全有能力可以去改变这种状态了，现在当你看到画面当中那个哭得特别无助的她，你愿意走过去帮她吗？

阿燕：我会走过去把门打开，然后把她抱起来，擦去她脸上的泪，把她抱得紧紧的。

我：非常好，你就这样抱着她，会怎么安抚她呢？

阿燕：我会说，"宝贝，不要怕，有我陪着你，我会保护你。现在你已经出来了，不要害怕，有我在。"我还会向她解释说，"爸爸妈妈不是故意要把你关起来的，他们怕你一个人在外面乱跑，怕出什么危险怕你被坏人抓走怎么办？这样爸爸妈妈就永远失去你了。爸妈为了生活，要去赚钱给你买衣服买零食，没有办法才把你锁在房间里，爸爸妈妈这样确实是不对，但是他们也很无奈。希望我们家宝贝可以体谅爸爸妈妈。"

我：当你这样说完之后，小朋友的反应是什么？

阿燕：情绪是安抚下来了，她平静下来了，没有再哭了，但还是有些低落。

我：你觉得她现在想做什么呢？

阿燕：想要有人陪她玩。

我：你愿意陪她玩一下吗？

阿燕：我愿意。她特别喜欢玩跳房子，我会在地板上画个房子，然后我们在那里很开心地玩。

我：宝贝开心吗？

阿燕：很开心，刚才的忧愁一闪而光，现在的她非常雀跃开心。

我：现在天色暗沉，你远远地看见爸爸妈妈回来的背影。现在的你是一个成年人，已经做妈妈了。你现在已经完全有能力和力量去保护身边那个弱小的自己了。你内心其实有很多话想和爸爸妈妈说，今天终于有这个机会了，你让小宝贝自己在一边开心地玩耍，现在父母亲就站在了你面前，你想对他们说什么呢？把你内心想要对他们表达的话请勇敢地表达出来，好吗？

阿燕：看着爸爸妈妈疲惫的身影，我很心疼，（哽咽）我想对爸爸妈妈说，为了这个家，为了我们能够过上好一点的生活，你们没日没夜地奔波，做着非常辛苦的工作，你们非常不容易，我理解你们。可是当我看到孩子那么小，独自一个人被锁在房间时，一定特别无助。她其实特别害怕。这种害怕和无助会影响到她的成长和未来。所以可不可以尽量抽出时间多陪一陪孩子，如果可以的话，能不把她关在家里，这样其实也很不安全，有没有更好的方法？比如说让孩子去邻居奶奶家，或者把带到你们工作的地方，你要相信孩子非常乖。她很懂事，不会到处乱跑，你们干活的时候，她会边上静静地坐看着你们工作，她不会捣乱的。可不可以不要对她不闻不问，不要去忽视她，不要觉得她还小，把她一个人放在家里，真的很可怜，很心疼。（流着泪表达）

我：（轻拍着阿燕的肩膀）当你把内心的话说完之后，父母亲的反应是什么？

阿燕：他们也有些自责，有些内疚，然后点点头同意了。我看到我妈走过去抱起小宝贝，然后拿出糖果给宝贝吃。我爸在一旁看着我，然后坚定地点头说他以后会注意的。

我：现在你的感觉是什么？

阿燕：我把我想说的话说出来了，我知道他们非常不容易。我相信他们也是有不得已的苦衷和原因，毕竟生活的艰难让他们也很无奈，我理解他们。

我：你很理解他们，也很体谅你的父母。现在把你内心还有想表达的话语也都一次性向父母表达出来，好吗？

阿燕：现在长大的我过得很幸福，我做妈妈了，也有自己的孩子，有爱我的老公，我知道这段时间我过得不是特别顺心，原来是因为过去一些不好的记忆在影响着我，原来我特别渴望得到爸爸妈妈的关注和爱。只是因为家里面经济不好，爸爸妈妈也很无奈，没有关注到我关爱的需求，但我知道他们其实是爱我的。所以我现在内心平静了很多，放松了很多。

我：表达得非常好！阿燕，你现在看到的画面是你们四个人围坐在饭桌边非常和谐温馨地吃晚餐，其乐融融，有说有笑，这样的画面非常温暖和幸福。请你看着这个温暖的画面，把这种温暖、幸福的感觉深深地印刻在你的大脑里，也深深印刻在你的身体里，流淌在你的血液里，这种感觉今后会一直陪伴着你，把父母深深地爱印刻在你的心里。一直以来你都是幸福的，因为身边总有人深深地爱着你。带着这份爱，你会成为充满力量的、自信的你，你会成为内心平静而柔软的妈妈，你会成为温柔而有力量的妻子。你相信你有力量，你在成长，你相信你的未来是充满阳光的，是充满幸福的。接下来，请调整你的呼吸，深深地吸气，吸入你想要的幸福、关爱和力量，慢慢地呼气，再深呼吸，感受自己内心的平静、温暖和幸福。现在慢慢地，请把你的目光和注意力带回到现实的环境中，带回到现在的房间里。带着温暖、幸福、有力量的感觉，回到这个房间。现在请你睁开眼睛去感受一下你此刻的状态。

阿燕：很轻松，刚才有点失态了，忍不住就泪流满面了。

我：看到了非常平静而自在的你。此刻的你脸上也洋溢着温柔和幸福。

阿燕：谢谢您！通过刚才的画面，让我再一次回到过去，把我内心积压了很久很久的东西发泄出来了，我现在浑身很轻松，感受到内心的安宁。

我：在现实生活当中，你无法理解为什么会嫉妒孩子，现在你已经知道真正的原因在哪里了，对吗？

阿燕：我现在知道了，原来是因为过去很不好的记忆，父母亲忽略我，不关心我，把我锁在家里，那些比较痛苦、害怕的感觉一直埋藏在心底。以前不理解父母亲，觉得父母亲这样对待我，我是带着恨意的，现在当我再回头去看这样的画面，我又理解了爸爸妈妈。真的不同的阶段，我看到的感受的不一样。为人父母其实都深爱着自己的孩子，如果不是因为不得已，谁会愿意抛弃孩子，谁会愿意去减少陪伴孩子的时间呢？所以我会更加善待我的爸爸妈妈，他们真的非常不容易。同时我对我的爱人带着歉意，是我的无理取闹，我的脾气对他造成了一些困扰，但是他还一直在包容我。还有我的宝宝，他还那么小，我最近脾气不太好，可是他每次看到我都依然笑着要我抱。过去这段时间我真的做得不好，今后我要调整自己，好好做个开朗而温柔的妻子和妈妈。

我：我看到了坚定而自信的阿燕，那么接下来你会怎么做呢？

阿燕：回去之后先和我老公好好沟通，把今天的经历告诉他，正像您所说的，我现在已经成年人了，已经当了妈妈，我已经有力量去改变自己了，我再也不是过去那个小小的、无助的、脆弱的自己了，我有能力去保护自己，有能力去调整自己的言行。然后我也会跟我老公说，我之所以会这样发脾气的原因，包括未来的日子里，我会怎么做，我相信我老公是接纳我的，是会原谅我的。因为我相信他一直都深深地爱着我。

我：非常棒，想到这里，看到你不由自主地笑了，脸上充满了幸福的笑容。

阿燕：嗯，一想到宝贝和老公，还有父母，我的内心特别幸福，有我最亲爱的人在我身边，还有最可爱的孩子，我觉得自己真的非常幸福了，感恩。

案例分析

通过对以上阿燕嫉妒情绪的案例分析，我们看到，在现实生活当中发生的嫉妒情绪来源于丈夫对孩子的呵护和关爱，而这恰恰是她在童年时期的经历中感受到的创伤，源于缺乏关爱。所以嫉妒的根源，更多的是缺爱的一种表达。通过嫉妒情绪，让我们看到了背后所缺失的爱。所以嫉妒是在提醒我们去看见过去自己所没有得到的一些需求。那么看见之后，尽我们所能地去满足、去看见、去陪伴、去接纳，那么最终就可以疗愈。

4. 紧张的婆媳关系

在婚姻关系中，婆媳关系是比较敏感和复杂的，不少人都困扰于如何处理婆媳关系。那么，婆媳之间真的能够和平相处吗？本案例的主人公阿萍，对婆婆有莫大的敌意。她觉得婆婆处处跟自己作对，她觉得婆婆在抢她老公的关注，而老公又常常比较顺从，常常听他妈妈的话。阿萍发现自己其实特别嫉妒她婆婆，甚至带着恨意，每天都生活在紧张和硝烟弥漫的家庭氛围当中。她是那么厌倦这样的生活，她不喜欢争吵和冲突，她想要寻求改变。让我们一起透过阿萍的案例，拨开阿萍嫉妒情绪的迷雾，探寻背后的真相。

阿萍：我真的受不了了，我婆婆每天都和我争来争去，常常是因为点鸡毛蒜皮的小事，感觉都要和我抢丈夫的关注，怎么会有这样的妈？难道她就看我这么不顺眼吗？我还看她不顺眼呢？怎么会摊上有这样的婆婆？

我：你婆婆常常和你抢老公的关注，这让你很生气。

阿萍：对啊，你来评评理。很小很小的事情，比如说吃饭，她都故意要坐在离那道菜比较远的位置，然后表现出想努力夹菜却夹不到的样子，那我老公看到了自然就会帮她夹菜。我感觉她就是故意的。再比如家里打扫卫生，她原本正在打扫卫生，结果我老公一回来，她就装着自己哪里不舒服，不是腰痛就是腿痛的，然后我老公二话不说就去打扫卫生了，还很关切地让她在房间歇着，什么活都不让她干。显得我有错一样。我觉得她真能装。买衣服也是这样，明明知道自己需要去买衣服，可是她就会表现出一副很可怜的样子，在我老公面前说她的衣服哪里破之类的话，那我老公当然就会陪着她去买衣服了。类似这样的事情多了去了。我感觉她就是跟我抢我老公。好像这个家里面我老公什么都听她的。感觉这个家就只有这对母子，我就像空气一样，是忽略不计的。

我：说到这儿，我能感受到你的生气和压抑。

阿萍：嗯，提起她，我就非常生气。可是我又离不开我老公，我其实很爱他，虽然有这样的一个婆婆，可是我依然渴望能够得到老公的关注和爱。

我：你感觉婆婆跟你在抢你老公的爱和关注，让你感受不到老公的爱，被老公忽视了。生气的背后是感到失望和伤心，还有委屈，是这样吗？

阿萍：嗯，我觉得特别委屈，我是这个家里面的女主人，现在搞得她是女主人一样，什么都要听她的。因为老公听她的，她就摆出一副都趾高气扬的样子。我很看不惯，可是又不能直接跟她对着干，所以我就很难受，情绪一直不好，这段时间以来我都没有什么胃口吃饭，日子过得很没有意思。

我：看到你这个情形，你老公有觉察到吗？有和你老公交流沟通吗？

阿萍：他一下班回来就被我婆婆叫着做这个做那个，我感觉他也挺累的，就不好再和他说什么。通常只有晚上睡觉才是两个人的独处时间，我想和我老公聊聊，可是他实在太累了，躺好后不到两分钟就打呼噜了。我很难过，所以我常常偷偷抹眼泪，而他依然睡得跟猪一样。到现在为止，我都还没有和他好好地沟通过。我知道我其实很在意他，所以更讨厌我婆婆，都是因为她才把我的生活搞成这个样子。

我：听你的描述，你婆婆处处和你抢你老公的关注，让你感受到委屈和被忽视。而你老公可能又是敏感的人，并没有及时觉察到你的情绪和困扰。

阿萍：嗯，他确实比较愚钝，不怎么敏感。我觉得我挺嫉妒我婆婆的，她说什么话我老公都会听，而我想要说什么，或者我想要做什么，我老公似乎并没有那么顺从，至少我发现，他并没有像对待他妈妈那样来对待我。其实我也是知道我不能和他妈妈比较，但就是很不舒服。

我：你嫉妒你婆婆得到了老公的爱和关注，而这些是你目前没有完全得到的。

阿萍：嗯，确实是这样的。所以现在一提到我婆婆，我就是有一股怒火。自从她搬过来和我们一起住的这一年多时间里，我真的很压抑，怒火都没有地方去

发泄，我常常都默默地隐忍，感觉自己快撑不住了，特别特别压抑。（此刻的阿萍早已经泪流满面了）

我：非常感谢你的信任，把你内心最真实的话向我倾诉和表达。在这里你是安全的，我愿陪伴你，倾听你！此刻你可以把你内心深处最想要说的话，包括任何你想要表达的，都尽可能地表达和宣泄出来。

阿萍在情绪宣泄中（这一年多以来婆婆如何对待她的老公，以及如何影响到他们家庭的所有点滴的细节，都一一说出来了，表达了对他们的怨言、愤恨和不满）约30分钟后，她停止哭泣，情绪比较平稳下来。

我：当你现在说完之后，有没有舒服一些？

阿萍：舒服多了，感觉内心憋了很久的话说出来，现在轻松了很多。之前都一直在忍着都不敢告诉别人，包括我的好朋友，父母，因为我不想让他们知道我过得不好。

我：我理解你满肚子的委屈和怨言，这么大的压力和痛苦是自己一个人扛着，我深深地感受到你内心的那份痛苦和无助。现在你把它宣泄完之后，就会感觉比较轻松。接下来我们再一次回到困扰的焦点，针对你说的情况，你之所以会嫉妒你婆婆，是因为其实你内心特别渴望爱和被关注，是这样吗？

阿萍：是的，我特别希望有人能够注意到我，理解我，而不要对我视而不见。

我：当想到你婆婆这样的行为的时候，你内心的感觉是什么？

阿萍：讨厌、憎恨，甚至恶心。

我：好的，现在请你好好体会这种讨厌、憎恨，甚至恶心的感觉，如果现在有一束光从头到脚扫描你的全身的话，请你感受下，此刻在你的身体当中，哪个部位是明显感觉不太舒服的？

阿萍：喉咙痛。感觉很想说话却说不出来的那种痛。

我：现在请你调整一下自己的呼吸，闭上眼睛，跟着我的节奏，深深地吸气，吸入你想要的平静和放松，然后慢慢地呼气，把你不想要的嫉妒、委屈、难过、痛苦、失望等，通通都呼出去。非常好！继续深呼吸，深深地吸气，吸入你想要的平静和放松，对了，非常好，然后慢慢地呼气，把你不想要的都呼出去，继续深呼吸。再做 5 次深呼吸。随着每一次的呼吸，你会感觉自己越来越放松，越来越平静。现在感觉自己比较放松、比较平静了，现在请你把手放到喉咙的位置，把手的温暖和力量带给它，轻轻地安抚它，就好像慈爱的妈妈安抚新生的宝宝一样，充满了温暖、慈爱和关怀。让喉咙感受到手的关爱和温暖。轻轻地安抚它，并真诚地对它说，"亲爱的喉咙，我感到很抱歉，之前忽略了你，没有及时地关爱关爱你，现在我看到你了。我感受到你的不舒服。我知道你是在提醒我此刻的状态。谢谢你的提醒。我感受到了，我看到你了，谢谢你。"说完请继续用手安抚它。有没有感觉喉咙舒服一些？

阿萍：嗯，好多了，没有那么痛了。

我：好的，现在请继续闭上你的眼睛，可以把手继续放在这个那安抚它。现在请你好好的回忆下，在你从小到大的经历当中，没有发生过类似的被忽视，不被尊重，让你感受不到爱的事件或者情境？请选择一个你印象比较深刻的画面。让这个画面慢慢地浮现出来。让画面逐渐清晰起来。不着急，慢慢地回忆。当你看到清晰画面的时候，请告诉我，你所看到的画面是什么？

阿萍：在我读小学四年级的时候，因为我成绩不太好，跟不上班级的其他同学，所以我妈妈就一直逼着我上各种补习班，语文、数学、英语还有其他的钢琴、写作、舞蹈等课程。我觉得自己像个陀螺一样转着，没有停下来过。每天都过得非常累，做着我不喜欢做的事情，我非常痛苦。我努力地抗争过，可是我妈妈根本看不见，根本就不理睬我。无论我如何反抗，无论我如何闹脾气，她总有办法把我抓到补习班。如果我态度很恶劣，她还动手打我。她从来都不听我解释，非常强制。我一再地告诉她，我不喜欢这些，可是她从来不听我的。我觉得我人生的路是她预定好的，我必须要按照她说的去做，每天应该做什么，甚至哪个时间段应该做什么，全部都应该听从她的、没有我任何的空间和自主权。她也从来都不尊重我，就这样，她一直在控制我。

我：在这个画面中，你看到了你妈妈的强势、不尊重你、不理解你，甚至在控制你的生活。

阿萍：对。

我：你现在看到的画面是什么？

阿萍：她很凶地指着我的课本，说成绩考那么烂，补习白补了，还花那么多的钱，不争气的东西。一直在骂我，骂得非常难听。

我：请你看一看画面当中那个自己在做什么。

阿萍：坐在那儿，面无表情。已经麻木了。

我：那个自己的感受是什么？

阿萍：心灰意冷，心如死灰，甚至有一种绝望。

我：亲爱的阿萍，此刻的你已经长大成人了，你现在已经是成年人了，现在你已经完全有力量，也有能力去保护过去那个脆弱的小小的自己了，现在的你是充满力量、充满自信、充满智慧的你，现在的你是强大的，你有能力和力量去保护她了。现在看着这个画面当中那个小小的自己，看着她心灰意冷，麻木地承受着妈妈的训斥责罚，亲爱的，现在的你是否愿意过去帮帮她？

阿萍：嗯，我会过去制止我妈。

我：好的，现在请你走过去就按照你所想的那样去做，你会做什么来制止你妈的行为。

阿萍：走在我妈面前，非常坚定地大声地喊停。告诉她，这是你的亲生孩子，你这么凶狠地侮辱她，忽视她，一点都不尊重她，难道你就觉得自己都没有错吗？难道孩子成绩不理想，都是孩子的错，你就特别完美，什么事情都做得很好吗？你自己也有缺点，也有你想要做的事情，也有你喜欢吃的东西，你都有自己的追求和主见，为什么就不能允许孩子有自己追求和喜欢的东西呢？凭什么要去控制孩子？你有什么资格去控制你的孩子？你觉得你配做妈妈吗？

我：你妈什么反应？

阿萍：她很生气跟我辩解，叫我不要多管闲事。

我：你还会对你妈说什么？

阿萍：告诉她，她这种管教的后果是什么？孩子就这样被她给毁了。没有一个妈妈愿意自己的孩子是没有灵魂、没有主见、没有想法的人。成绩又能代表什么呢？那是她想要的，而不是孩子真正想要的。她之所以把学习看得那么重，是因为她之前被爸爸抛弃过，现在和孩子相依为命，她不想让别人看扁和嘲笑，所以把自己的不满和期待都放在了孩子身上。她其实可以理性一些去对待孩子。她一定不希望孩子有一天离开她，甚至离开这个世界。希望她不要去做让她后悔的事情。如果有一天孩子不再健康，甚至不再留恋这个世界，作为妈妈的她，会是什么样的感觉呢？

我：当你说完之后，你看看妈妈是什么反应。

阿萍：沉默了。然后走出房间去了。好像是哭了。

我：房间里现在就剩下你们两个人，你看着脆弱的、受伤的、小小的那个自己。你想要说或者做些什么吗？

阿萍：走过去拍拍她的肩膀，告诉她，嘿，小美女，别灰心和沮丧，你没有办法去对抗你妈妈的时候，请相信这世界上不是只有你妈妈一个人，其实还有关心你和保护你的人。以后有什么委屈，有什么痛苦，尽管来找我。让我保护你。以后妈妈要是再伤你，让你承受委屈痛苦，让我来保护你，好吗？

我：那个小小的自己听完什么反应？

阿萍：有些惊讶，有些感动。

我：你可以走过去抱一抱她吗？抱着她，给她温暖和关怀，请告诉她，"对不起，我来晚了，我知道你一定伤得很重，我感受到你的伤痛，请允许我在接下来的日子里陪伴你，为你疗伤，为你保驾护航。我知道你是多么无助和痛苦，承受了你这个年纪不该承受的伤痛。我知道你的无力感，你之前所有的伤痛我都看见了，我都知道。接下来的日子里，我会和你一起去面对，陪伴你成长，我会一直保护你、陪伴你、关心你、守护你、尊重你、理解你，我会看见你所有的努力和坚韧，看见你成长过程中的点点滴滴，我会包容你，接纳你的一切。"把这些话告诉她。紧紧地抱着她。当她听完是什么感受？

阿萍：她把我抱得紧紧的，（哽咽）这一刻我知道她内心似乎又燃起了希望，已经不再那么绝望。

我：亲爱的阿萍，你做得非常棒！过去的她经历了太多太多的伤痛，你问她是否愿意把过去背负的种种的伤痛，包括那些种种不愉快的、委屈的、伤心的、难过的、绝望的、痛苦的伤痛，通通都卸载下来，然后随着空气飘到窗外。

阿萍：嗯，愿意。

我：现在请你看着她从头到脚、从下而下把身上背负所有的伤痛一个一个地卸载下来，然后融入空气当中，飘到窗外去。

阿萍：嗯，卸载完了。

我：现在她把所有的伤痛都已经卸载掉了，此刻那个小小的自己是什么样子呢？

阿萍：很单纯，很快乐。

我：你的感受是什么？

阿萍：很欣慰。舒了一口气。看到她又恢复到昔日少年的那份童真，看到她天真的面容，我的内心是喜悦的，是舒展的，开心的。这样的状态一直是我所追求的。

我：现在请你再一次拥抱这个真实的、平静的、充满童真的那个自己，紧紧抱着她，感受到你们慢慢融为一体。感受到弱小的那个自己已经在慢慢长大，长大成为现在的你，成了有力量的平静的智慧的你。记住自己是从容的、平静的、充满智慧的你，你是真实的，你是强大的，你是有力量的，把这些感觉深深地印刻在你的身体里，印刻在你的记忆里。记住这些感觉，它们会一直陪伴着你每一天。你会感觉到，一直有一个人在深深爱着你，她会看见你，理解你，尊重你，接纳你，欣赏你。她会一直陪在你身边，当你需要她的时候，她随时都会出现，这个人就是那个强大的有智慧的、充满力量和平静的自己。带着这份从容、平静、智慧、力量的感觉，慢慢地回到现实当中，回到我们的房间里，慢慢地睁开眼睛。体会这种有力量的感觉。

我：我看到了亲爱的阿萍，此刻的你目光是坚定而有神的，笔直的坐姿，我感受到一种强大的力量感。现在的你给我的感觉就是这样。

阿萍：我感觉自己好像确实轻松了很多，放下了一些包袱，内心没有那么沉重了，现在是轻松的。

我：非常好，你找回了那个原原本本的、真实的自己。其实你一直都是力量的，智慧的，你就像是散发着光芒的太阳，只不过经历了岁月和生活，遇到了一些围绕在你面前的乌云，它们把你的光芒给遮住了，而我们现在要做的就是把这些乌云吹散掉，让你的光芒重新照耀着大地。相信你想要的一直都在。

阿萍：我明白了，原来只有靠自己才行，别人给不了我，我需要的关注和尊重，可以自己给自己，我要对自己好一点，因为我不是为别人而活，我是为自己而活，我的人生是怎么样的，我需要对自己负责。

我：分析得非常棒。你领悟到只有自己才是真正的主人，只有自己才可以真正去调整自己，管理自己，只有自己才能够尊重自己，接纳自己。

阿萍：对，我懂了，我觉得这个家庭当中不管是我婆婆，还是我老公，他们的各种行为，都是我没有办法去控制的。我既然无法控制，那就把注意力放在我可以控制的部分，比如说，我可以尽量地去跟他们沟通，如果他们无法满足我的话，那么我觉得，与其把时间精力浪费在期待别人改变的身上，不如从现在开始去改变我自己，去做我可以做的事情上，自己满足自己，对自己好点。

案例分析

通过以上阿萍的案例分析，我们看到紧张的婆媳关系的背后，是嫉妒婆婆得到丈夫的关爱，所以她想争夺丈夫的爱，之所以争夺，是因为她内心深深的渴望，同时也意味着她的背后是爱的缺失。所以阿萍嫉妒情绪的背后的对爱的缺失。而这种缺失的爱是源于原生家庭的经历中所带来的创伤。所以通过回到原生家庭的伤痛里面，去看见受伤的自己，去温暖她、陪伴她、接纳她，从而疗愈她，让她成长起来。所以只有强大自己，给自己更多的力量和关怀，才能最终走出嫉妒的迷雾。

5. 疯狂的嫉妒

当你在生活中取得一些成就，或者获得他人一些赞美和欣赏的时候，你是否留意到这样的情形引发了某些人的不满呢？如果一个人一直生活在嫉妒当中，嫉妒别人工作比他好，嫉妒别人的家庭比他好，嫉妒别人的工资比他高，嫉妒别人的婚姻比他幸福，你能够想象他的生活会是怎么样的呢？本案例的主人公阿玉就是这样的一个人，她嫉妒周围的人，觉得自己的生活糟透了。每天活在嫉妒和痛苦当中，但是她无法控制自己的嫉妒。透过阿玉的案例，让我们一起拨开嫉妒情绪的迷雾，探寻背后的真相。

我：你特别困扰的事情在于你很容易嫉妒别人。对周围人好的生活、好的成绩、好的人缘都会眼红，这种嫉妒让你的生活变得糟糕，是这样吗？

阿玉：是的。我看不得别人比我好。当我心情不好或者和别人起冲突的时候，我就更容易起嫉妒心，就这样，我感觉自己陷入了一个恶性循环当中，痛苦不堪。

我：看不得身边的人比你好，是身边所有的人，还是有针对性的个别人？

阿玉：所有人。比如我身边的同事，她打扮得非常漂亮，化着很精美的妆，我就很嫉妒。我心里就想着，"她不就是化了个妆，有什么了不起，谁化妆都可以变得很漂亮，不是吗？"这样想之后，我就会露出鄙夷的神情或者甚至直接去怼她。当单位有同事升职加薪的时候，我也会嫉妒，我心里就想，"哼，真不公平，不就是运气好一点吗？不就是会拍领导的马屁吗？不就是和某某领导有关系走后台吗？至于吗？那么显摆。"还有，我记得我一朋友结婚了，看到新郎新娘非常般配，而我至今还单身没有谈过恋爱，我心里就想，"那一定不是真的，那是假象，他们肯定没有那么恩爱，等走入婚姻生活，他们一定会体会到进入坟墓的痛苦，那时候他们肯定不会像现在这样幸福地笑着吧。"然后我内心反而期待着他们婚姻出问题甚至离婚什么的，我觉得自己特别特别邪恶。我不相信自己的内心是这么阴暗，可是我又做了什么呢？我内心并不希望别人过得好，我不相信我的朋友有一个美满的婚姻，我不相信同事可以这么顺利升职加薪，所以我在言语当中可能会很容易跟他们起冲突。甚至有的时候，我控制不住自己的脾气，在单位或者公共场合不自觉地发脾气，比如说在公交车上被人推了一下，我就会破口大骂，我感觉我的内心总有一股怒火想发泄出来。我就觉得心里很不舒服，我也不知道哪里出错了，就是很难受，感觉看周围很多事情、很多人都不顺眼。这段时间，其实我也一直在反思和思考自己到底是哪里出问题了。我想不到真正的原因在哪里，我很困扰，内心很抓狂。你说我是不是变态啊？

我：你觉得自己的嫉妒已经影响了自己正常的工作和生活，尤其是人际关系。我能感受到这段时间以来你所经历的痛苦和煎熬。我也感受到你为此付出的努力和改变。现在如果 0~10 分来评估你当下的困扰和痛苦程度的话，0 分是不痛苦，10 分是非常强烈的痛苦，您觉得自己面前感受到的痛苦是几分？

阿玉：10 分。真的特别痛苦，感觉我的人生如果一直这样的话，那是多么痛苦和压抑啊。

我：你之所以会嫉妒，如果从另外一个角度来看，其实你特别希望自己也能够像他们一样优秀美好，像他们一样能够幸福开心，能够有属于自己的美满幸福的婚姻，能够感受到人间和生活的美好，甚至超越他们，比他们过得更好。你很想告诉别人，其实你也很优秀，其实你也很努力，但是现实似乎没有达到你的预期，对吗？

阿玉：对，我觉得我自己活得很累，我觉得我很想努力地去表现我自己，很想让别人看到我也是可以做到的，我也可以很优秀，可是身边人却比我更光彩

215

夺目。

我：你也努力地证明自己很优秀，但是和别人比起来，你又觉得自己是黯然失色的。所以你的内心隐隐地感受到了自卑，是这样吗？

阿玉：你说得对，我觉得自己确实是挺自卑的一个人。样样都不如别人，不管是学习、工作，还是生活，都没有别人混得好，唉！

我：你对现在的生活，包括现在的自己是不满意的，透过嫉妒，我们发现更多的是自卑在影响你。现在请你闭上眼睛去感受一下自卑的情绪。让这种自卑的难过的感觉在你的身体当中游荡。请你去觉察，当你自卑的时候，你的身体哪一个位置是比较明显的感觉不舒服的？

阿玉：感觉心隐隐地痛。

我：好的，觉察到这种隐隐的心痛的感觉。现在闭上眼睛，请你把双手放在你心痛的位置，放在你的胸口，去轻轻地揉一揉，带着温暖和关怀轻轻地揉一揉它，一边轻轻地安抚着，一边柔声地对它说，"谢谢你，谢谢你通过这种身体上的痛来提醒我，感谢你，我看到你了，同时我要跟你说一声抱歉，真的很抱歉，之前我都忽略了你，没有注意到你，现在我觉察到了，我看到了你，我感受到你的提醒了，再次感谢你。"和它进行对话，然后把温暖和关爱也带给它。有没有感觉心痛有所缓解了一些？

阿玉：嗯，有。

我：好的，请你继续闭上眼睛，让自己尽可能地放松下来。深深地吸气，吸入你想要的放松、平静和自信，然后慢慢地呼气，把你不想要的嫉妒、自卑、难过、痛苦这些不好的感受都呼出去。继续深呼吸，继续深呼吸 5 次。你会感觉随着每一次的呼吸，自己身体越来越放松，越来越平静。好，现在请你尽可能去回忆，在你从小到大的经历当中，有没有发生过类似这种引发你自卑痛苦的，觉得自己不够好的事件呢？请在你的记忆中寻找出一个印象比较深刻的画面，让它慢慢地浮现在你的脑海当中，让画面逐渐清晰起来，当你看到这个画面的时候，请把你看到的画面内容如实地告诉我，好吗？

阿玉：我记得在我读小学二年级的时候，爸妈就离婚了。在离婚之前，他们两个经常吵架，甚至动手。他们离婚之后，我就跟着我爸一起生活，我记得那时候我很调皮贪玩，不爱学习，经常和男生一起捣蛋，所以成绩不理想，我爸非常生气，就把我放在了我奶奶家，他自己去外出打工了。一年难得见上一回。我表面上装着不在乎，觉得他回不回来看我，我是无所谓的，日子照样过，但只有我知道，我其实非常自卑，也非常难过。我一直觉得是因为我不乖，我不懂事，我不够听话，因为我不好，所以爸爸妈妈离婚了，他们都不要我了，把我放在奶奶家，抛弃我了。他们两个人一年到头都不回来看我一次，所以我觉得是因为我不值得他们爱我，我是没有人喜欢的。奶奶待我也不好，常常让我干脏活累活，不听话就会冲我发脾气，甚至用竹编抽我。我感受不到家的温暖，我感受不到别人的关怀。我想大概是因为我不够好，我不值得他们对我好，不值得他们爱我吧。既然是这样，那么我就要让他们认为我是值得被爱的，所以从那以后我性子收敛了很多，我变得安静了，也不调皮捣蛋了，我记得从三年级以后我整个人就变得特别内向，不爱说话，因为我把自己锁起来了，关在自己的世界里，我不需要让别人同情我、可怜我，我只想让大家知道，其实我也可以很优秀的，也可以讨人喜欢的。所以，我慢慢变得越来越会去迎合别人、讨好别人，甚至同学欺负我，我都还嬉皮笑脸地不反抗，因为我知道反抗没用，又没有人保护我、在乎我，我拼命学习，把所有的时间都花在学习上，只为了证明我也可以变得很优秀，这样我就会讨人喜欢了。所以从那以后，我发现，当我去讨好别人时，当我表现好时，确实收到了很多的掌声，比如同学的羡慕，老师的关注等，于是我知道原来我也是被爱的，但是是有条件的。其实我内心深处仍然会有深深的自卑感，因为我没有一个完整的家，因为我没有得到爸爸妈妈完整的爱，我不像其他同学一样有个温馨的家，所以我内心非常渴望，但是我又不愿意让别人看到我的伤痛，所以我一直假装自己不在乎，一直表现出自己可以不需要别人的爱和关注。只有我自己在夜深人静独处时才会舔伤，原来我是多么渴望被他人认可，我是多么渴望被他人喜欢，我是多么渴望被他人看见和接受。

我：亲爱的阿玉，当你看到过往一幅幅画面呈现在你面前时，我能够感受到你满满的伤痛、无助，和深深的无力感。

阿玉：（大哭起来）这个世界真的没有人爱我吗？这个世界真的会抛下我吗？我觉得自己是被抛弃的、是多余的，过去的经历，我看不到温暖，我看不到太阳的光芒，我感觉是冰冷的、是痛苦的。但是我不甘心，我不甘心过这样冰冷的人生，所以我要努力，我要努力活给别人看。

我：亲爱的阿玉，我看到了你的隐忍，看到了你的努力，我看到了你的艰辛和力量。你一直想要证明自己也可以和别人一样好，你活得痛苦和卑微，因为那不是真实的你，那不是原原本本的你自己。现在请你继续深呼吸，让自己的身体慢慢地放松下来，让身体不再那么紧绷，深深地吸气，慢慢地呼气，让自己的身体慢慢地放松下来。亲爱的阿玉，现在的你已经长大成人了，你已经是一个成年人了，你有你成年人的智慧、勇气和力量，你有成年人该有的自信和理性。现在请你带着这种力量、自信、理性和勇气，看着过去的那个画面，请你看着过去那个小小的受伤无助的自己，她就站在那，请你走过去拥抱她，给她支持和力量，可以吗？

阿玉：嗯。

我：走过去给她一个大大的温暖的拥抱，然后告诉她，"过去的所有经历，过去的所有伤痛，我都看见了！这都不是你的错，不是因为你不够好，而是因为别人在当时没有做满足你、符合你期待的事情，爸爸妈妈并没有抛弃你，只是他们自己的伤口都没有办法很好地处理和愈合，所以他们不愿意因为自己的问题而去影响你，他们有自己的苦衷和伤痛，请允许他们，给他们时间和空间去疗伤。奶奶有她的年龄和水平的局限，她也没有办法兼顾到你，因为她本来就是这样的脾气，她也有很多的伤痛和苦楚，不是因为不爱你，而是因为她能力有限。所以亲爱的，不是因为你不够好，是他们自己的问题没有处理好，其实作为孩子，你已经非常好了，为了更好地生存和发展，你一直在抗争，一直在努力，饱受着很多的委屈和伤痛，我都知道，我都看见了，所以我特别特别心疼你。现在的我有能力和力量可以保护好你了，请允许我陪在你身边，继续陪伴着你成长，我想看着你一路走来，慢慢地抚平你的伤口，慢慢地让你重新成为那个真实的美好的你。我想看到你成为真实的自己，因为你本来就足够美好，因为你本来就是非常的纯真、善良、自信、有勇气和有力量的孩子，所以从现在开始，我会陪在你身边守护你、理解你、接纳你、深深地爱着你。给你力量和温暖。"请把这些话都告诉她，真诚地告诉她。紧紧地抱着她，给她温暖的怀抱。你发现那个小小的自己有什么反应吗？

阿玉：感动得哭了。

我：好的，请允许她在你的怀抱里发泄她过往所累积的怨气、委屈，以及种种的伤痛。就这样抱着她，让她尽情地宣泄。（两分钟后）现在她还在哭吗？

阿玉：没有哭了，很平静地抱着我。

我：现在看着怀抱里面那个小小的她，请邀请她去一个你们最想去的地方，尽情地去放松和释放，可以吗？

阿玉：可以。

我：你会带他去哪里呢？

阿玉：站在非常高的天台上，那里离太阳最近。可以感受到太阳温暖的光芒。

我：好，请你拉着她，此刻你们就站在了高高的天台上，感受着温暖的阳光，呼吸着新鲜的空气，微风拂面，感受到一阵阵的暖意和安宁。你看着小小的她，此刻她是什么表情呢？

阿玉：很放松，很平静。

我：好的，继续拉着她的手，真诚地告诉她，"亲爱的，从现在开始，我会一直陪在你身边。我希望能和太阳一起温暖着你。一起温暖你冰冷的心。这样你就会慢慢、温暖地长大，会越来越开心和快乐，去活成你真正想要的那个自己。我会一直守护你，给你力量，在你背后支持你。请记得凡事有我在。"把这些话告诉她，她相信你说的吗？

阿玉：嗯，相信。

我：好，带着这份信任，沐浴在温暖的阳光下，站在高高的地方，放眼开阔的视野，感受内心的平静、自在和放松，感受内心能量地释放。记住这些从容自信的、真实的力量，记住这些温暖平静的和满满的爱的力量。把这些力量和感觉深深地印刻在你的身体里，印刻在你的血液里，印刻在你的大脑记忆深处，它们会一直陪伴着你走过的成长每一天、每一分、每一秒。你会感觉到自己真的越来越有力量，越来越强大。然后越来越活出真实的自己，变成那个你想要成为的那个人。非常好！接下来，请继续深呼吸，慢慢地放松，慢慢地把自己的思绪和注意力收回到现在的房间当中，慢慢地睁开眼睛。现在，你的感觉如何？

阿玉：好神奇，我觉得自己舒服多了，没有那么压抑了。感觉现在的自己比较有力量了，好像真的是变强大了，变自信了，你看我现在声音都比较大声了，腰杆也挺直了。就像你说的，真的好像是自己长大了。

我：非常棒，这种感觉你已经觉察出来了，这就是真实的你的力量。

阿玉：通过刚才的过程，我明白了，原来是过去的事情在影响我。那我现在需要做什么吗？

我：去做你自己。活出真实的自己。去接纳你所有的一切。珍惜每一天的点滴。去做你真正想做的事情，活出你真正想要的生活。为自己好好的活一次。

案例分析

通过以上对阿玉的案例分析，我们发现，在生活当中，对于周围所有的一切都会嫉妒的阿玉，其实剖析内心深处，发现是源自过去童年经历当中的创伤，那些被遗弃的，不被关爱的，不被认可的需求没有被看见和满足，所以一直停留在过去那个小小的自己的模式里面来对待现在的环境和生活。当我们回顾过去，去看见那个小小的受伤的自己，陪伴她、接纳她、温暖她，我们会发现，最终她会成长为真实的有力量的自己，当发觉自己是成年人，有能力和力量的时候，我们会发现，现实生活中的自己是完全可以去掌控生活的，是可以活出自己生命力的。所以透过阿玉嫉妒情绪的背后，是童年经历当中的被抛弃和被忽略的创伤。

6. 我拒绝了爱

在人生旅途中，我们每个人的内心都渴望拥有爱。而当内心有一堵墙，选择把爱拒之门外的时候，人也一定是难过和受伤的。本案例的主人公小姗，内心对爱有非常强烈的渴求，可是当身边有人选择去爱她，给予她温暖和关怀的时候，她却把别人拒之于门外。而拒绝的理由是因为她内心的不平衡，因为她内心的嫉妒火焰的投射，而这让她错过了很多人生当中值得珍惜的情感。透过本案例，让我们一起拨开小姗嫉妒情绪的迷雾，探寻背后的真相。

小姗：老师，我这一年里好像做了一些事，感觉不太好，不太对。发现身边不少同学也都在指责我，埋怨我没有好好珍惜一份纯真的情感。我内心也挺自责的，但是我就是不能很好地去接受。

我：我能感受到你内心是挺矛盾的。你说的事情具体指的是什么呢？

小姗：我没有给别人机会，尤其是那些追求我的人，我直接拒绝了他们。有两个男生追我了一两年的时间，但是我都拒绝了。身边的同学替我遗憾和惋惜，还指责我说要求那么高，没有好好珍惜他们的付出。

我：对待异性的情感，你选择了拒绝，我相信一定有你自己的理由，对吗？

小姗：其实我的内心是矛盾的。他们确实很不错，对我付出也挺多的，我能够感受到他们两个是真的在乎我和喜欢我的人。我也曾想过试图去接受他们其中一个人的情感，因为毕竟我内心是渴望谈恋爱的，谈一份真正的、轰轰烈烈的恋爱。但是当我想下定决心的时候，内心总有一个声音在告诉我说，"他还不够好。"

我：当你要做决定的时候却犹豫了，你期待更好的？

小姗：我在想，他可以对我付出那么多，那对身边的人呢？好像并没有这么做，认真再一分析吧，似乎他也没有那么好，并没有像我身边的同学朋友说得那么优秀、那么阳光。所以我宁愿不接受，宁愿放弃也不想去投入。

我：当你觉得对方不够好的时候，就害怕投入，你怕自己受伤，是吗？

小姗：可以这么说。

我：之前有过类似伤痛的经历吗？

小姗：我没有谈过恋爱，所以我没有恋爱上的伤痛。但我就是觉得自己不可以将就，因为我觉得自己明明可以有更好的选择。

我：你说得更好的选择，能具体说一说吗？

小姗：我也想过这个我问题，但我想不出来，我内心其实是期待有个更好的选择的，但是到目前为止，我没有遇到，但是我期待他会出现。

我：你期待得更好的选择应该是什么样的，或者能够具体描述是一个拥有哪些特点的人呢？

小姗：阳光、帅气、温柔，然后学习成绩很好，对我也很好。

我：如果你身边真的有这样一个人出现，你会去接受他的感情，是吗？

小姗：我其实挺矛盾的，如果真的有这个人出现，我可能也不一定会去接受他。

我：不接受的原因是什么？

小姗：我很迷茫，我不知道自己到底要什么，刚才说的这些条件，什么阳光帅气啊，学习成绩好啊，这些都是大家公认的外在条件，但是我真的很在乎这些外在条件吗？我一次次地问自己，感觉好像并不是这样的。我有时候在想，和同学朋友认为的特别优秀的人在一起，我真的会开心吗？我觉得自己可能不会开心，因为我觉得自己没有那个人开心快乐。

我：你希望自己和那个人一样开心快乐，所以你不自觉地和那个人进行比较，是这样吗？

小姗：嗯，我内心隐藏了一个秘密。我没有告诉过任何人，但我今天特别想要告诉您，就是我很恨一个人。那个人一直就在我身边。我之所以拒绝了追求我的那两个男生，也是因为她。

我：你觉得自己做的选择是受她的影响？

小姗：是的，影响很大！这种影响很不好，我感觉那个人一直在我面前晃悠，感觉像是炫耀她的成就，炫耀她有一个多么优秀的男朋友，炫耀他们之间多么幸福、开心、快乐，向我炫耀她每一天活得多么精彩，她还经常在我面前分享开心快乐的事情，可是我感觉她就是单纯向我炫耀，越这样子，就越显得我过得不快乐。

我：所以身边的这个她让你感受到很大的压力。其实你内心并不是特别喜欢她这样的积极快乐的状态，对吗？

小姗：嗯，确实是这样的。其实我感觉自己挺阴暗的，每天看到她开心快乐的样子，我好希望她是沮丧的，是伤心的，甚至我希望他们分手，因为我看不惯她那个做作和炫耀的样子。我很讨厌她，凭什么她可以过得比我开心快乐？凭什么她可以找一个全校公认的好男朋友，而我却没有？凭什么大家更喜欢她？我觉得自己并不比她差呀，我甚至在学习成绩方面还比她更优秀一些，为什么她什么都得到了，而我却没有？

我：你的内心是不平衡的，你觉得她该享有的一切，其实你也应该可以得到的。

小姗：对。我感觉我是嫉妒她的，嫉妒她拥有的一切，嫉妒她拥有一个这么好的男朋友，全心全意地对待她，拥有大家的关注和目光，可是我却无法容忍她，我不喜欢她这个样子。

我：你嫉妒她，嫉妒她现在比你拥有得多，得到了你也渴望得到的一些东西。

小姗：嗯，所以我感觉自己活得不开心不快乐，其实当我拒绝那两个男生的感情的时候，您知道吗？我挺心痛的，说实在的，我打心眼里并没有觉得他们不好，但是当我看到身边的这个她，每天在我面前炫耀她男朋友多好的时候，我就会不自觉地进行比较，觉得追求我的男生和她男朋友比起来，确实会弱一些，这是我不能接受的，我希望找一个比她男朋友更强的人，然后告诉她，你有的我也有，而且我可以有更好的。

我：这样的嫉妒和比较让你生活得很不快乐。

小姗：是的，我感觉自己不快乐，不开心。自己活得越来越讨厌的样子了。好像每天为了掩饰而强颜欢笑，内心却痛苦万分，这样真没意思。

我：身边有一个这样的她，然后处处比你拥有更多的关注和优势，我能感受到你的压抑和隐忍。你不想让自己继续这样生活了，我知道，其实你一直想努力地去改变和调整自己，对吗？

小姗：是的，老师，我想改变我自己，我觉得一直去感受这种压力和痛苦，带着内心的愤恨，是一件非常非常痛苦的事情。我要怎么样才可以放下？我想过很多的方法，我回避这个人，我离她远远的，不和她说话，不搭理她，但即使是这样，我发现我的内心依然不平静，我仍然见不得她比我好。

我：嫉妒心让你无法很好地活出自己，做真实的自己。即使你选择逃避，但是你的内心依然知道，其实她一直都存在，回避无法解决问题。我能感受到你的迷茫和无助。

小姗：嗯，是挺迷茫和困惑的，不知道到底该怎么样去改变。

我：现在请你闭上眼睛，在你头脑当中浮现出那个人的形象。你看到了什么？

小姗：她在冲我笑，笑得特别开心，感觉很炫耀的样子，这是一副我讨厌的嘴脸。

我：你想对她说什么？

小姗：有什么好炫耀的，有什么好开心的，不就是你男朋友今天又带你吃什么好吃的，或者做了什么让你感到开心的事情吗？何必在我面前假惺惺地表露出来呢？你的快乐跟我有什么关系？请你不要在我面前这么做作了，我想让你消失。

我：当你面对她的时候，我能感受到你内心是愤怒的，对吗？

小姗：对，看到她，我就很愤怒。

我：现在请你好好地去感受这种愤怒的情绪，去觉察这种情绪在你身体里面哪个部位感觉是比较明显不太舒服的。好好地去感受一下身体的变化。

小姗：感觉胸闷闷的，很不舒服。

我：好的，现在请你听我的指令，深呼吸6次，深深地吸气，然后慢慢地呼气。非常好，继续深呼吸，深深地吸气，感受新鲜的空气进入你的肺部，然后慢慢地呼气。吸入你想要的平静和放松，慢慢地呼气，把你不想要的通通都呼出去。继续深呼吸，让自己慢慢地放松下来。好，把手放在你胸口的位置，轻轻地安抚一下胸口，让你的胸口感受到温暖、平静和慈爱，感受自己慢慢地平静和放松。现在胸口的感觉是什么？有没有放松些？

小姗：有，暖暖的，轻松的，很舒服。

我：好的，亲爱的小姗，现在请你尽可能地回忆在你从小到大的经历当中，有没有发生过类似的让你愤怒生气的事件或画面，这些事件让你感受不到公平，感受不到爱和关注，感受不到被认可？不着急，慢慢地去回想。当你想起来的时候，请把这个画面告诉我。

小姗：过去经历当中其实有好些事件都对影响挺深刻的，我感觉自己都是受伤的。

我：好的，请你先选择其中一个印象比较深刻的画面，然后把你看到的告诉我。

小姗：在我小学四年级的时候。我和我的同桌是非常要好的朋友，我们从幼儿园开始一直到小学都在一起。她每次作业都做得很好，学习成绩也很好，所以我一直都向她学习，慢慢地我发现原来我也可以变成像她一样优秀的人。我们在一起特别开心快乐，但是我发现新来的班主任特别喜欢她，特别偏袒她。即使我和她考一样的成绩，老师都是点名表扬她，让同学向她学习，她又是个很活泼开朗的人，每天都特别开心地和大家相处，同学们也都特别喜欢她。可是我和她距离越来越远了。因为老师都从来没有表扬过我，感觉都看不到我，我是被忽略的那个学生。所以我觉得是我不够好，是我不够努力，是我不够招人喜欢，都是因为我不好才会这样子的。另外，也是因为她的存在，让我成了背景，成了她的绿叶，我是不甘心的。

我：你很期待老师的表扬和认可，你认为是主要是自己表现不好的原因造成的？

小姗：是的，我觉得老师特别偏心，眼里只有她，没有我，不管我怎么努力，可是最终老师都只看到她而忽略了我，肯定是因为我哪里做得不够好，才会这样子。我感到很受伤，我开始嫉妒她，嫉妒她可以得到老师的关注和赞美。所以我就越来越远离她了，可是我的内心并不快乐，即使我不跟她成为好朋友，我依然开心不起来。

我：亲爱的小姗，现在在你头脑当中，你看到过去那个小小的自己是什么样子？

小姗：自己一个人缩在角落里，周围的人都簇拥着那个同学叽叽喳喳的，说她有多厉害什么的。我觉得那些声音都好刺耳。

我：现在保持深呼吸，深深地吸气，让自己放松，亲爱的小姗，现在我想要告诉你，现在你已经长大成人了，现在的你有力量也有能力去保护过去那个弱小的自己了，现在请你看着那个画面当中缩在角落里的那个无助的脆弱的小小的自己，你愿意走过去帮助她吗？

小姗：嗯。

我：好的，你会走过去对她说什么或做什么呢？

小姗：走过去拍拍她的肩膀，告诉她，"嘿，其实你也不错的，你也很棒。"

我：她相信你说的话吗？

小姗：有些相信，有些惊讶。

我：你还想对她说什么呢？

小姗：你已经很不错了，我不管别人多么优秀、多么努力，那是别人的事情，跟你没有关系，在我眼里，你才是最值得和最重要的那个人，我只在乎你是什么样的人，至于别人，我都不在乎。

我：等你说完，她有什么反应？

小姗：心情好多了。

我：你愿意带着她离开这个嘈杂刺耳的环境吗？带她去一个她特别想去的地方，好好地放松一下吗？

小姗：我愿意。

我：你想带她去哪儿呢？

小姗：去家门口的小溪边捞鱼。

我：好，你拉着她的手，此刻就站在了你们家门口的小溪边，脚下是潺潺的流水，清澈见底，你看到了身边那个小小的她是什么样子呢？

小姗：挺开心的。拿了一只小水桶来装鱼。

我：非常好，现在请你看着她，问她是否愿意把之前经历的种种的伤痛包括不被认可、不被接纳、不被关注、不被关爱、不被看见的种种的伤痛都卸载下来，随着水流飘走吗？

小姗：嗯，愿意。

我：非常好，现在请你看着她从头到脚、从上而下，把身上背负的所有的这些伤痛一个一个的卸载下来，随着水流飘走。

小姗：嗯。

我：（约一分钟左右）现在卸载完了吗？

小姗：卸载完了。

我：此刻已经把过去背负的种种的伤痛都已经卸载完了，现在请你再看一看身边这个小小的她现在是什么样子呢？

小姗：纯真可爱。一脸快乐。

我：此刻你就是她身边的大姐姐，现在请你把这些话告诉她，"从现在开始，我会一直陪伴着你，支持着你，我会看到你所有的努力，我会陪伴着你一起经历生命中的阳光和风雨，我会替你遮风挡雨，我理解你、尊重你、接纳你、包容你，全心全意守护你，在我眼里，你就是全世界独一无二的你，我会一直爱着你，爱你最真实的原本的你，你不需要比别人更好，也不需要更好，因为你原本就足够美好。去做真实的你就够了！"请你把这些话告诉她，然后看看她什么反应？她相信你吗？

小姗：相信。她拉着我，要我陪她捞鱼。

我：非常好，现在尽你所能地陪伴她，现在你看到的画面是你们两个开心地在小溪边捞鱼的情景。那么自然、淳朴和真实美好！请记住这个画面当中的那份岁月静好，请记住这种平静的、放松的、幸福的感觉。把这些感觉深深地印刻在你的身体里，会一直伴随着你生命中的每一天、每一分、每一秒。带着这些感觉，你会觉得自己越来越柔软，越来越幸福，越来越平静，越来越放松。你会感觉自己活得越来越真实。你相信原来自己已经足够美好了。带着这份美好，带着这份从容和平静，让自己的思绪慢慢地收回到现在，然后慢慢地睁开眼睛。现在你的感觉是什么？

小姗：嗯，心情舒畅多了，胸口不闷了。

我：我们重新回头看看，现在依然困扰你的是什么呢？

小姗：我有一个疑问，就是为什么人会有嫉妒心？我感觉不可以去嫉妒的，这样不好。

我：我是不是可以理解为，正是因为你不喜欢嫉妒，因为嫉妒这种情绪让你感觉很不好，所以你一再地排斥它，去压抑自己嫉妒的感受，你想远离嫉妒，但是你发现你甩不掉它，对吗？

小姗：是的，我不喜欢嫉妒，所以我一直想摆脱，可是我之前用了很多的方法都没有用。

我：当你的内心越无法去接纳这些嫉妒情绪的时候，其实无形当中就把你的注意力放在嫉妒情绪上，也就意味着让嫉妒情绪有了更强大的力量。所以你无法去对抗它。这就是为什么你试图想要去甩掉它却甩不掉的原因。

小姗：那怎么办呢？难道还能去接受它不成？

我：你说对了，亲爱的，嫉妒只是一种情绪，并没有好坏对错之分，情绪的产生是因为源于内心深处真正的需求没有被满足，比如特别渴望被别人看见，被别人认可的这些需求没有得到满足，所以而投射出来的一种情绪。嫉妒之所以产生，只是想要提醒你，背后有很多你可以努力去达到的，而你可能暂时没有拥有的部分。希望通过嫉妒，让你去看见自己内心的需求。它的目的只是想要提醒你。虽然这个嫉妒本身会让你有些不太好的感受，但是它的本意只是想提醒你。其实任何的负面情绪都是这样子的，它们的产生像焦虑，愤怒，生气等，都是为了想提醒你，背后去看到自己内心真正的不足和需求。当你真的回过头去看到情绪背后的东西，然后试着去接纳它们，去理解它们，然后去感激它们的时候，他们反而就会离你而去。

小姗：哦，原来如此，看来我真的误会情绪了。我之前已经反抗过，已经没有效果了，原来是因为我根本就不懂情绪的真相。所以我现在要试着去接纳它，我想试一试，看看到底有没有用。

我：对，请你去接纳它，去接受它的出现。但它出现了，你就静静地去感受它。把它当成朋友一样去陪伴它，和它好好地待在一起，甚至抱着一丝的感恩，去看到它对你善意的提醒。当你有这份觉察和觉知的时候，我相信你会慢慢地走出这样的情绪，会活得越来越真实，会慢慢地靠近最真实的自己。

小姗：我明白了，谢谢。我会好好地去尝试去觉察和接纳它。

案例分析

通过以上小姗的案例，我们发现在嫉妒情绪的背后，其实是有很多伤痛的。拨开小姗伤痛的迷雾，我们看到了她在童年时期缺乏爱和关注，不被老师认可和欣赏、接纳，是因为这些需求没有得到满足，从而衍生出嫉妒的情绪。所以嫉妒的情绪背后是一种缺爱的表现。当我们重新回过头去看见它，并去接纳它的时候，那么过去的这些伤痛就会慢慢被温暖和疗愈。

7. 为什么受伤的总是我？

嫉妒有时就像一把锋利的剑，随时都有可能把控不好，刺到对方，伤到自己。我们之所以会嫉妒，更多的是因为我们在乎，而且我们自己也认为通过努力可以拥有但目前是还没有拥有的部分。所以面对嫉妒背后的伤痛，我们应该如何剖析自我，进行自我修炼呢？本案例的主人公阿梦，在夫妻关系中因第三者，夫妻情感出现裂痕，彼此渐行渐远，她发现自己嫉妒第三者的美貌和温柔，内心难掩愤怒。通过拨开阿梦嫉妒情绪的迷雾，让我们一起来探寻背后的真相。

阿梦：我感觉自己好像被仇恨和嫉妒蒙蔽了双眼，随时都有可能情绪失控，我担心自己如果失控，不知道会做出啥事？有可能会走上违法犯罪的道路，所以一想到这儿，我就特别害怕，我害怕如果自己真的有一天做了后悔的事情，我的女儿怎么办，她还那么小，她才两岁，没有妈妈的日子，她该怎么样生存下来？我无法想象，但是我又不知道自己能不能控制得了自己内心的恶魔。这一个多月以来，我发掉得非常严重，你看我现在的状态非常糟糕，像黄脸婆一样，我常常以泪洗面，面容憔悴，哪里像是一个 30 岁的人呢，倒像是一个老太婆。正是因为这样，所以我老公才会选择其他人吧。我也想过让自己重新振作起来，但是一想到我老公对着那个人投怀送抱的样子，我就感到非常愤怒。凭什么？难道凭借她比我年轻和漂亮，比我温顺听话，就可以夺走我老公吗？我很气愤，我和我老公大吵大闹过，也心平气和地沟通过，但是我发现他的心好像不完全属于我，这使我特别心灰意冷，越是这样，我就越痛恨那个夺走我老公的女人。在道德的天平上，她做了不道德的事情，还理直气壮地和我老公在一起。我不服气，凭什么？她的容颜迟早有一天也会老去，这算什么资本。我越想越气，因为这个事情，我感觉自己快要发疯了，睡不好，也带不好孩子，再这样下去，我觉得快撑不下去了。所以有什么办法能够让我变得好一些吗？

我：在夫妻关系当中闯入了第三者，你感觉好像要失去你老公了，内心非常愤怒和焦虑，我能感受到你的煎熬、痛苦和无助。你的困扰在于你想试图去挽回爱人的心，对吗？

阿梦：是的，有什么办法可以让我老公重回到我身边吗？我感觉他现在眼里都是那个女人，根本不关心我们母女，虽然身边的好朋友都一再劝我说这样的渣男不值得留恋，但是我又非常不舍，毕竟这一路走来这么多年了，我们同甘共苦好长一段时间。这段感情也是来之不易的，我终究还是舍不得，我还是抱着期待的，我还是期待我的老公能够回心转意。

我：你希望重新得到你老公的关注和爱。你觉得你老公现在眼里只有那个女人，没有你了，是吗？

阿梦：是的。我发现我在嫉妒她，我嫉妒她比我年轻漂亮，比我温柔听话。

我：当你谈到她的时候，你的眼里似乎充满了愤怒。

阿梦：是的，一想到她的样子，我就来气。

我：如果现在让你来评估你当下愤怒的情绪程度的话，0~10分，0分表示完全不愤怒，10分表示非常强烈的愤怒，现在你觉得自己达到了几分？

阿梦：10分，恨不得直接扇她耳光。

我：我能感受到你非常强烈的情绪。你刚才说你觉得自己老公眼里只有那个女人了是吗？你确定吗？

阿梦：是的。

我：你真的百分之百确定他的眼里只有那个女人，没有你和孩子吗？

阿梦：是的，确定。

我：那是不是可以认为，你确定你老公眼里都是那个女人，一天24小时里面，眼里从来没有一刻有你和孩子，是吗？

阿梦：好像是吧，偶尔有吧。

我：偶尔是多长的时间？

阿梦：他下班回来后，还是会去抱抱孩子，陪孩子出去玩，而且每天也都是准时下班回家，偶尔做做菜。

我：这样听起来，你老公还是会在家庭时间部分有所投入的。似乎没有全心全意地放在外面，对吗？

阿梦：现在想想，好像是这样，就是一天下来，有一半的时间是会在家里。但是他人是在家里，但是他的心不在家里。

我：你确定吗？你真的确定他的心没有一分钟在家里过吗？

阿梦：那也没有这么夸张，我有的时候会去看他的手机，查看他的通话记录和微信聊天记录，我就会发现一些那个女人的痕迹，我就很愤怒。

我：所以在家的时间里，你的老公并没有全身心地放在那个女人身上，他的心依然有在家庭的部分，可以这么说吗？

阿梦：可以这么说。

我：所以你的爱人只是把原本属于家里的所有时间放了一部分在外面，而并没有全身心地投入在外面，他依然有在家庭当中投入和付出，可以这么理解吗？

阿梦：嗯，可以。

我：好的，想到这，你的愤怒情绪现在是几分，刚才是10分，现在呢？

阿梦：7分吧。

我：从10分降到了7分，我很好奇你是怎么降下来的？

阿梦：因为通过刚才的对话，我就发现，其实回想一下，似乎我老公好像也没有全身心地去对待那个女人吧，或多或少，他还是对现在的家庭有所投入，有所关注、有所付出、有所关爱的。甚至可以说，他大部分时间是投入在现在的家庭的，对外面那个女人的投入时间和关注似乎也不多吧。当这样想的时候，我的心情好像好了一些。

我：那现在剩下的 7 分的愤怒，你主要愤怒的是什么？

阿梦：主要的愤怒是指向那个女人，难道凭着自己的年轻美貌和温顺就到处去招惹别人，就去破坏别人的家庭吗？我愤怒于这个社会上存在着不知廉耻的人，这种人就不应该存在。

我：我能感受到你很痛恨破坏家庭的人。你痛恨这些人，没有道德感，没有顾虑到别人家庭的伤痛和感受，对吗？

阿梦：是的，这些人道德败坏，就去破坏别人的家庭。站着自己有一些优势就不计后果。

我：所以你很反感这些人，你觉得她们背后，是在向你炫耀他们的资本吗？

阿梦：难道不是吗？她们占着自己年轻美貌就可以为所欲为吗？不就是比较年轻漂亮嘛，谁没有年轻过，她们不也是会老去吗？

我：现在请闭上眼睛，在你脑海中浮现这种炫耀资本的女人的样子，你看到了什么？

阿梦：我看到那个女人在那边嘲笑我。

我：她笑你什么？

阿梦：她笑我没有管好自己的老公，笑我没有本事。

我：这个画面当中，你是什么表情？穿什么颜色的衣服？

阿梦：我穿了一件粉色的裙子，是我老公以前给我买的。我特别气愤，恨不得直接打她一巴掌，紧紧地攥着拳头，在忍着。

我：亲爱的阿梦，现在请你深呼吸，深深地吸气，慢慢地呼气，让自己感到放松，感到平静。继续深呼吸，深深地吸气，慢慢地呼气，再深深地吸气，吸入你想要的平静，慢慢地呼气，把你内心的愤怒慢慢地呼出去。继续深呼吸，非常好，现在让自己的内心慢慢地回归到比较平静的状态。请你再看看这个画面，你看到了那个女人和自己对峙。亲爱的阿梦，请你记住，此刻的你是有力量的、有能力的、平静的、自信的，你现在有能力去保护画面当中的那个自己了。当你在看到这个画面当中的自己，你会对她说什么？

阿梦：我会把她拉走，不屑于和这种人一般见识，看都不想看她。

我：你想要让她回避，不再去面对这种人，就会内心好过一些，对吗？

阿梦：嗯。

我：你想要拉她去哪里？

阿梦：拉她去吃最喜欢的小龙虾，好好地大吃一顿。

我：好，现在你拉着她来到了饭店里，吃着美味可口的小龙虾。你看到那个自己现在是什么状态？

阿梦：依然不开心。

我：你的感受是什么？

阿梦：我也不开心，因为我希望她能够开心快乐起来。

我：好的，现在请你问问那个自己，是否愿意放下过去种种的伤痛，在此时此刻把过去的种种的伤痛都卸载下来，让她不再背负这些伤痛？

阿梦：她是愿意的，但觉得可能卸载不了。

我：好的，请先去卸载，能卸载多少就算多少。请你看着她把这些过去背负的种种的伤痛、委屈、无助、痛苦等都卸载下来，然后卸载下来之后，你愿意怎么处置这些伤痛呢？

阿梦：让它们随着这些热气腾腾的气体一样散发在空气中不再看见。

我：好，就让这些伤痛化成一股股的热气，升腾，蒸发。现在已经卸载的伤痛了，她身上还有吗？

阿梦：还有一点没有卸载下来。

我：努力试试看，能不能都卸载下来？

阿梦：可以。

我：非常棒！现在的她已经没有再背负着过往的伤痛了，现在的她是一个什么样子的人呢？

阿梦：在那放开着吃，很自在，很轻松。

我：好，请你陪着她一起放开地吃，做回那个真实的自己。好好享受这顿美食所带给你们的快乐。记住这份平静的、放松的、真实的感觉。把这些感受深深地印刻在你的记忆里，印刻在你的身体里，流淌在你的血液里。你会感受到从未有过的放松、自在和平静。看着那个真实的，平静地享受美食的那个她，请你告诉她，"未来的生活，你依然可以一如既往地做真实的自己，因为你原本就足够美好，你不需要去羡慕别人年轻的容貌和温顺听话，因为我一直都知道，其实你原本是很有气质和美丽，只是为了这个家，你付出了太多太多，而忽略了自己。为了老公，为了孩子，你活成了别人眼中的那个自己，但是我一直都知道你真正想要的是什么。我知道，其实你一直很努力地在追求自己想要的东西，你有目标、梦想、能力，你根本不需要依附任何人，也可以活得同样美好。因为我相信你的力量，你的能力，加上你的努力，可以活出你眼中羡慕的期待的那个自己，现在放开自己。好好地去追求那个原本足够美好的自己，我会一直支持你，相信你，给你力量，不管你是什么样子的，我都接纳你，因为你就是你，独一无二，我只在乎你，请相信我会一直关爱着你。"把这些话告诉她。

阿梦：可是如果没有得到老公的爱，我可能做不好。

我：亲爱的，这个世界上爱与不爱取决于你感受得到没有？你感受不到爱，不代表你身边没有爱。去感受你身边当中的点点滴滴，包括温暖的话语，包括一个慈爱的眼神，一句暖心的话，一杯温暖的水，这些都是爱。当你抱着爱的目光去看待别人的时候，你发现身边都是爱的目光，都是爱的温暖。因为你内心足够强大，你内心就是充满爱的，那么你的爱会传递给周围的人。这样你就会感受到更多的爱。学会爱自己，你会发现身边的人才会爱你。

阿梦：我明白了。

我：现在这个画面当中那个自己听完你说的这些话，是什么样子呢？

阿梦：很放松和平静。原来是自己迷失了，原来真正的自己并不是这个样子的，之前是那么卑微地想要获得老公的爱，现在才发现这是多么可怜地在祈求一份爱，那么这份爱得到的也没有那么纯粹了，这也一定不是我所想要的爱。那么既然我想要爱，那就需要自己满足自己。我首先要学会爱自己，然后我才有了力量去爱周围的人，去爱我的孩子。

我：是的，的确是这样。我感受到了你此刻强大的力量。

阿梦：我明白了。我好像清晰了很多。没有那么纠结了。

我：非常好，你特别渴望能够被爱，我想在你过往的经历当中，一定是比较缺乏爱的，在你成长经历当中，有没有因为缺乏爱而被深深的伤痛过？

阿梦：有，我其实深深地伤到过。那种感觉，刻骨铭心，那是一种被抛弃的感觉。

我：现在让我们一起回到你原来那个被抛弃的画面当中去，你看到了什么？

阿梦：我在那儿一直哭，我爸妈不要我了，然后把我放在县城的小姨家里。

我：那个画面当中，自己多大？穿什么衣服？还记得吗？

阿梦：小学一年级的时候，穿了一件白色的衬衫，一条黑裤子，躲在门后面一直哭，哭得很伤心。

我：你觉得爸爸妈妈抛弃你，把你留在小姨家，是因为什么事情？

阿梦：为了让我能够在县城里面学习，有更好的学校读书，希望我长大有出息，他们就硬把我放在了小姨家，然后他们就回到离这个县城很远的偏僻的乡下。我知道我走路是无法到达的，太远太远了。他们没有经过我的允许，就硬把我带到了我小姨家这里住着，寄人篱下的感觉特别难受，我深深地感受到被父母亲抛弃的那种无助感。

我：亲爱的阿梦，看到这样的画面，看到那个哭得伤心和无助的那个自己，现在的你已经长大成人了，现在的你已经有能力和力量去保护那个小小的自己了，你会愿意对她说什么？或做什么呢？

阿梦：我会走过去安慰她，告诉她，父母亲也有不得已的苦衷，他们不希望你重走他们的路，他们不希望未来你跟他们一样受苦。他们也是无奈的，他们也是不舍的。

我：她听了之后有什么反应？

阿梦：还是在那哭。

我：你能够理解父母亲的苦衷和不舍，而她还比较弱小，可能还没有办法在情感上完全的去接纳和理解父母这种感受，她体验到的是被抛弃的感觉。我想你也一定能够感受到她这种被抛弃的无助感，对吗？

阿梦：是的。

我：既然她很无助，她很难过，请你走过去抱抱她，给她温暖和关怀，告诉她，"没关系，父母也许暂时离开了你，但是接下来有我在，我会保护你，我会陪着你。我会理解你。你成长的每一步，我都看在眼里，你所做的所有的努力，我都看见了。未来的每一步，我也都会一直陪着你，你需要我的时候，我都在。"当你这样说完，你看她的反应是什么？

阿梦：没有哭得那么大声了，情绪有所平缓。

我：非常好，现在你愿意带着她去一个放松的开心的地方，好好地释放一下自己吗？

阿梦：我想带她去果园里面摘桃子。

我：好的，你拉着她的手来到了硕果累累的果园。看到这样的画面，你的感觉是什么？

阿梦：很轻松。

我：现在请你让她把身上背负的那种被抛弃的、无助的、难过的、伤心的种种都卸载下来。可以吗？

阿梦：嗯，都卸载了。

我：非常好，此刻站在你面前的那个的她现在是什么样子呢？

阿梦：扎着两个小小的辫子，很单纯，很开心。

我：你看着她，你的感觉是什么？

阿梦：很美好。

我：非常好，现在请记住这样的画面，记住这种幸福快乐、简单淳朴的感觉，记住这种温暖平静、快乐幸福的感觉。让这些感觉深深地印刻在你的脑海里。记住它们，让它们一直陪伴着你，然后慢慢地把思绪拉回到我们现在的这个房间。现在你的感觉是什么？

阿梦：舒服多了。

我：现在回过头，重新再面对你最初的那个困扰，你最初开始困扰的点在于原本属于自己的家庭闯入了第三者，那时的你是脆弱无助的，你在寻求力量去调整自己，而现在，重新再面对这个困扰，你的感受是什么？

阿梦：你没有那么强烈的困扰了，好像能够比较平静地去看待了。

我：能够比较平静地看待那个女人了，是吗？

阿梦：感觉自己比较能够去接纳别人对待我的方式了，比如我老公的情感背叛，以及那个女人对我的嘲笑嘲讽，我觉得好像比较看得开了，那是别人的事情，与我无关，因为我没有办法去控制别人，我没有办法去控制我老公说什么和做什么，没有办法控制和逼迫他的内心，即使我想控制也控制不了，我想我能控制的可能就是自己了，我决定好好地过我自己的日子吧，把结果想到最糟糕的话，也就是我自己带着孩子过，我想我依然可以过得好，只是会比较辛苦些罢了，这个世界上，我不需要依附他，我也其实可以过得好的，现在好像没有那么担心和愤怒了。

案例分析

通过以上阿梦的案例分析，我们发现，对于婚外情，对于老公情感的背叛，阿梦更多是对第三者的嫉妒和愤怒，而这些的背后更多的是深深的无助感和爱的匮乏。这些爱的需求没有被满足，来源于过去的创伤经验。所以需要重新去面对和回顾过去的创伤，让过去的那个自己重新被看见，才有可能赋予其更多的力量饿勇气去疗愈，重新找回那个原本美好的、理智的、自信的、强大的自己。